环境安全与应急系列教材

江苏省重点应急管理学院建设项目资助

环境安全与应急

解清杰　主编

中国环境出版集团·北京

图书在版编目（CIP）数据

环境安全与应急 / 解清杰主编. -- 北京 : 中国环境出版集团，2024.6

环境安全与应急系列教材

ISBN 978-7-5111-5851-2

Ⅰ. ①环… Ⅱ. ①解… Ⅲ. ①环境管理－安全管理－高等学校－教材②环境污染事故－应急对策－高等学校－教材 Ⅳ. ①X32②X507

中国国家版本馆 CIP 数据核字(2024)第 088413 号

摘 要

本教材属于通识类教材，主要针对国内应急管理、应急技术与管理及其他非环境类专业本科生教学使用，主要内容涉及环境及环境污染、达标排放与环境安全、环境事故及应急处置等内容，以帮助大学生学习和了解各种环境安全知识；同时还从新时代的我国各类环境安全风险新特点入手，结合应急管理的新形势，环境安全与应急管理工作的重要性、内涵及特点，介绍环境安全与应急管理的关键要素等。该教材的出版将填补国内无此类教材的空白，为我国高校大中专学生提供一本跨学科、跨专业学习的新教材。本教材也可以用于企业环境与应急管理相关培训工作。

出 版 人　武德凯
责任编辑　宾银平
封面设计　彭　杉

出版发行　中国环境出版集团
（100062　北京市东城区广渠门内大街 16 号）
网　　址：http://www.cesp.com.cn
电子邮箱：bjgl@cesp.com.cn
联系电话：010-67112765（编辑管理部）
发行热线：010-67125803，010-67113405（传真）

印　　刷　玖龙（天津）印刷有限公司
经　　销　各地新华书店
版　　次　2024 年 6 月第 1 版
印　　次　2024 年 6 月第 1 次印刷
开　　本　787×1092　1/16
印　　张　8.75
字　　数　200 千字
定　　价　42.00 元

前　言

随着全球安全态势的变化以及全球环境问题的日趋紧迫，世界各国对环境安全的探讨也越来越多。大多数国家尤其是发达国家，普遍经历了“高生产、高消耗、高污染”的发展模式，曾导致严重的环境恶化，当前，发达国家已开始把环境安全问题作为制定本国安全与发展战略的考虑范围。在我国，近年来多次重大的环境安全事故和生态失衡引起的自然灾害造成了重大的财产生命损失，这些都让我们迅速意识到加强生态建设、保护环境安全的重要性。

党的十八大以来，以习近平同志为核心的党中央始终站在总体国家安全观的战略高度，统筹应急管理体系和能力现代化建设及应急管理学科建设全局。2012 年，教育部修订本科专业目录和专业设置管理规定，支持有条件的高校依法自主设置应急管理领域相关专业，大力培养应急专业人才。2018 年国务院成立应急管理部，应急管理方面的专业人才培养也进一步得到重视和加强。近 5 年我国共有 60 余所高校先后成立应急管理学院或设立应急管理相关专业，在校生已突破万人。当前，加快培养应急管理领域创新型、领军型、复合型及应用型人才已成为应急人才培养的趋势，而课程和教材是人才培养的基础，应该随着学科体系的发展而不断丰富和完善，尤其是基础通识类课程及教材的建设，是学生了解国内外应急管理历史与现状、知识与理论、政策与法规、案例与数据、创新与技术、产业与产品等的主要途径。

环境安全与应急是应急管理工作中的一个子部分。随着社会的发展，人民群众生活需求越来越高，社会分工细化，环境安全与应急工作日益重要。《环境安全与应急》作为一本通识类教材，主要介绍环境安全与管理、突发环境事件背景下的应急处置、环境应急预案及环境风险管控等相关内容。本书中对环境安全与应急相关的概念、理论的介绍与分析，大多借鉴了国内外不同学者发表的相关论著，对于不同学者争论的内容，融入了笔者的一些个人体会。因此，书中难免存在不妥之处，希望得到同行的指正。

感谢朱方副教授、肖思思副教授、卢艳艳副教授在本书编写的过程中提供的宝贵建议和参考资料；同时，感谢中国环境出版集团葛莉、宾银平等为本书的出版提供的大力帮助；感谢赵文青、王超、林华星、费雪儿、王浩庄、牛子豪等同学为本书的撰写提供的协助。

在本书的编写过程中参考了许多国内外正式出版的书籍和发表的文章，有些已在本书参考文献中列出，有些可能遗漏了，在此向各位作者表示深深的谢意和歉意。

笔者真诚地希望国内的同行们多提出意见和建议。

编　者

2023 年 10 月

目 录

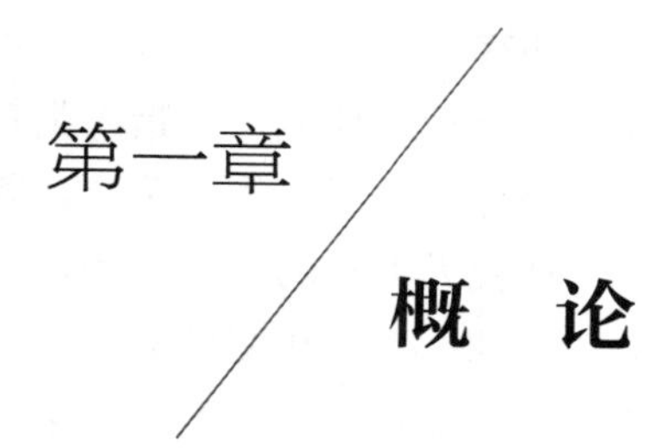

第一章 概 论

第一节 环境与相关法律

一、环境的含义

1．广义的环境

广义的环境是指某一特定生物体或生物群体以外的空间，以及直接或间接影响该生物体或生物群体生存的一切事物的总和。环境总是针对某一特定主体或中心而言的，是一个相对的概念，离开了这个主体或中心也就无所谓环境，因此环境只具有相对的意义。

人类生活在一定的环境中，人类是环境的产物，又是环境的创造者与改造者，人与环境的关系是相辅相成的。一个人从小到大，其周围的客观环境都会发生许多变化，一方面，人们必须通过学习，努力使自己的思想、行为适应周围的环境，以求达到与环境的协调一致；另一方面，人们又通过主观努力，去改造旧环境，创造一个与人们当代生活相适应的新环境。其最终目标都是要达到人与环境之间的一种相互适应和平衡。

一般而言，环境大致包括社会环境、自然环境、工作环境和家庭环境等，它们分别从不同角度、不同领域和范围，对人的心理产生影响，左右着人们的思想、情感和行为。其中既有正面作用，又有负面作用。人们应发挥主观能动性，充分利用环境中有利、向上的因素，去除环境中消极、落后的因素，来达到人与环境的结合，使人的心理在这种结合中得到健全发展，才智得到充分发挥。

2．狭义的环境

《中华人民共和国环境保护法》对环境的定义即为狭义的定义，是指“影响人类生存和发展的各种天然的和经过人工改造的自然因素的总体，包括大气、水、海洋、土地、矿藏、森林、草原、湿地、野生生物、自然遗迹、人文遗迹、自然保护区、风景名胜区、城市和乡村等”。其中，“影响人类生存和发展的各种天然的和经过人工改造的自然因素的总体”，就是环境的科学而又概括的定义。它有两层含义：第一，《中华人民共和国环境保护法》所说的环境，是指以人为中心的人类生存环境，关系到人类的毁灭与生存。同时，环境又不是泛指人类周围的一切自然的和社会的客观事物整体。例如，银河系，我们并不把它包括在环境这个概念中。所以，环境保护所指的环境，是指人类赖以生存的环境，是作用于人类并影响人类未来生存和发展的外界的一个实体。第二，随着人类社会的发展，环境概念也在发展。如现阶段没有把月球视为人类的生存环境，但是随着宇宙航行和空间科学的发展，月球将有可能成为人类生存环境的组成部分。

本书所述的“环境”主要是以《中华人民共和国环境保护法》中的“环境”为中心进行论述的，主要是指对人类生存和发展产生直接或间接影响的各种天然形成的物质和能量的总体，如大气、水、土壤、生物等。

二、环境的分类

人类活动对整个环境的影响是综合性的，而环境系统也是从各个方面反作用于人类，其效应也是综合性的。人类与其他的生物不同，不仅仅以自己的生存为目的来影响环境、使自己的身体适应环境，而且为了提高生存质量，通过自己的劳动来改造环境，把自然环境转变为新的生存环境。这种新的生存环境有可能更适合人类生存，但也有可能恶化了人类的生存环境。在这一反复曲折的过程中，人类的生存环境已形成一个庞大的、结构复杂的，多层次、多组元相互交融的动态环境体系。

1. 从习惯上可分为自然环境和社会环境

自然环境也称天然环境或地理环境，是指环绕于人类周围的自然界，是直接或间接影响人类生活、生产的生物有机体、无机体。它包括大气、水、土壤、生物和各种矿物资源等。自然环境是人类赖以生存和发展的物质基础。在自然地理学上，通常把这些构成自然环境总体的因素，划分为大气圈、水圈、生物圈、土圈和岩石圈五个自然圈。

社会环境又称“人工环境”或“人文环境”，是指人类在自然环境的基础上，为不断提高物质和精神生活水平，通过长期有计划、有目的的发展，逐步创造和建立起来的物质的、非物质的成果的总和。物质的成果就是由于人类活动而形成的各种事物，如城市、农村、工矿区等，也可指人工森林、绿化草地、住房、交通工具、工厂、娱乐场所等；非物质的成果指社会风俗、语言文字、文化艺术、教育法律以及各种制度等，反映了一个民族的历史积淀，也反映了社会的历史与文化，对人的素质提高起着培育熏陶的作用。社会环境的发展和演替，受自然规律、经济规律以及社会规律的支配和制约，其质量是人类物质文明建设和精神文明建设的标志之一。

2. 从性质上可分为物理环境、化学环境和生物环境等

物理环境是自然环境的一部分，它包括天然物理环境和人工物理环境。天然物理环境由自然声环境、振动环境、电磁环境、辐射环境、光环境、热环境等构成；人工物理环境由人工因素形成的人工噪声环境、振动环境、电磁环境、辐射环境、光环境、热环境等构成。

化学环境指由土壤、水体、空气等组成因素所产生的化学性质，给生物的生活以一

定作用的环境。化学环境是现代化生产中排放出的各种化学废物已构成了环境污染的重要方面之后，才受到普遍关注的。这些污染包括：大气污染，如二氧化碳、二氧化硫、氮氧化物、光化学烟雾、各种粉尘等对大气的污染；水质污染，如重金属、农药、洗涤剂、生活污水、医疗污水等对水质的污染；土壤污染，如化肥、农药、工业废水、降尘、酸雨等对土壤的污染。可见，化学环境的提出，不是一般意义的研究环境因素，而是指化学因素对环境的污染问题。

生物环境指环境因素中其他活着的生物，是相对于由物理化学的环境因素所构成的非生物环境而言的，与有机环境同义。克列门茨把生物主体和非生物环境之间的作用规定为作用和反作用，把生物环境之间的直接作用规定为相互作用。阿尔勒等把土壤中的有机物也看成是生物。此外，不少人把非生物的环境和无机环境当作同义词使用。为了避免这种混乱，应限定生物环境是指活着的生物，非生物环境是指所有无生命的东西。

3．按照环境要素可分为大气环境、水环境、土壤环境

大气环境是指生物赖以生存的空气的物理、化学特性。物理特性主要包括空气的温度、湿度、风速、气压和降水，这一切均由太阳辐射这一原动力引起。化学特性则主要为空气的化学组成：大气对流层中氮、氧、氢 3 种气体约占 99.96%，二氧化碳约占 0.03%，还有一些微量杂质及含量变化较大的水汽。人类生活或工农业生产排出的氨、二氧化硫、一氧化碳、氮化物与氟化物等有害气体可改变原有空气的组成，并引起污染，造成全球气候变化，破坏生态平衡。大气环境和人类生存密切相关，大气环境的每一个因素几乎都可影响到人类。

水环境是指自然界中水的形成、分布和转化所处空间的环境。在地球表面，水体面积约占地球表面积的 71%。水由海洋水和陆地水组成，它们分别占总水量的 97.28%和 2.72%。后者所占总量比例很小，且所处空间的环境十分复杂。水在地球上处于不断循环的动态平衡状态。天然水的基本化学成分和含量，反映了它在不同自然环境循环过程中的原始物理化学性质，是研究水环境中元素存在、迁移和转化、环境质量（或污染程度）与水质评价的基本依据。水环境主要由地表水环境和地下水环境两部分组成。地表水环境包括河流、湖泊、水库、海洋、池塘、沼泽、冰川等，地下水环境包括泉水、浅层地下水、深层地下水等。水环境是构成环境的基本要素之一，是人类社会赖以生存和发展的重要场所，也是受人类干扰和破坏最严重的领域。水环境的污染和破坏已成为当今世界主要的环境问题之一。

土壤环境是由植物与土壤生物及其生存环境要素构成的一个有机统一的整体，包括土壤矿物质和有机质、土壤空气和土壤水。土壤是由母质、气候、生物、地形和时间等因素共同作用形成的自然体。在不同的自然环境中，土壤的形成过程和性状各具特色。土壤在地球表面是生物圈的组成部分，它提供陆生植物的营养和水分，是植物进行光合作用、能量交换的重要场所。土壤-植物-动物系统在人类生活中是太阳能输送的主要媒介；在陆地生态系统中，土壤-生物（主要是植物）系统进行着全球性的能量、物质循环和转化。土壤具有天然肥力和生长植物的能力，是农业发展和人类生存的物质基础。土壤肥力能保证人类获得必要的粮食和原料，因此，土壤与人类生产活动有着紧密的联系。

4．按照人类生存环境的空间范围划分

按照人类生存环境的空间范围，可由近及远、由小到大将环境分为聚落环境、地理环境、地质环境和星际环境等层次结构，而每一层次均包含各种不同的环境性质和要素，并由自然环境和社会环境共同组成

聚落环境主要作为人类群居生活的场所，是人类利用和改造自然而创造出来的，是与人类关系最密切、最直接的生存环境。按性质、功能和规模大小，聚落环境可分为居室环境、院落环境、村落环境、城市环境等。

地理环境是指一定社会所处的地理位置以及与此相联系的各种自然条件的总和，包括气候、土地、河流、湖泊、山脉、矿藏以及动植物资源等。地理环境是能量的交错带，位于地球表层，即岩石圈、水圈、土壤圈、大气圈和生物圈相互作用的交错带上，其厚度为10～30 km。地理环境是由岩石、地貌、土壤、水、气候、生物等自然要素构成的自然综合体。

地质环境主要是指自地表而下的坚硬壳层，即岩石圈。地质环境是地球演化的产物。岩石在太阳能作用下的风化过程，使固结的物质解放出来，融入到地理环境中去，参加到地质循环以至星际物质大循环中去。

星际环境包括真空、电磁辐射、高能粒子辐射、等离子体、微流星体、行星大气、磁场和引力场等。根据星际环境中存在的物质、辐射和力场的时空分布特性，太阳系内的星际环境大致可分为行星星际环境、地球星际环境和其他行星星际环境。

5．心理环境

心理环境又叫情境，指认知主体对客观环境加以主观规定和解释的环境。心理环境是离人最近的社会环境，也可以理解为人的头脑中的环境映象。诸多环境刺激作用于人，经过认知选择、评价，产生情绪体验，编织成个人对环境的统一图景。心理环境，是对人的心理发挥实际影响的生活环境，是一切外部条件的总和。

心理环境有内外之分。以学校教育活动为例，心理内部环境主要指学校内部客观存在的一切条件之和，如校风、同学关系、师生关系、教育设施、师资水平等；心理外部环境是指学校以外的社会环境和家庭环境。心理内部环境对学生十分重要，其中校风是稳定的因素，是一个学校的整体心理气氛和规范，是舆论的总体表现。校风需要靠全体教职员工以身作则，言传身教，互相传递、感染，以少数带动大多数而逐渐形成。内外心理环境相互影响、相互作用，使学生的心理不断变化、发展。

三、环境关系

1．环境与自然资源的关系

1）环境与自然资源都是人类赖以生存和发展的必要条件。

2）环境影响资源的类型以及利用状况（人类在利用资源的过程中，要充分考虑环境

因素，顺应自然变化规律并做出适当的调整）。

3）自然资源开发对环境产生巨大影响。保护资源是保护环境的重要手段之一，也是环境保护的重要内容之一。

2．环境与生态系统的关系

1）生态系统包括生物环境和非生物环境，生物群落及其生存环境（非生物环境）之间以及生物群落内不同生物种群之间不停地进行着的物质循环和能量交换。

2）环境影响生物的生理过程、形态构造和地理分布。

3）生物对环境具有指示和改造作用。

3．环境与人类的关系

环境与人类的关系发展：环境与人类的关系随着生产力的发展而不断变化。原始社会，人类与自然环境是一种依赖关系；农业社会，人类开始改造自然，但还是靠大自然赏赐；工业社会，人类对矿产资源的掠夺性开采和对森林资源的破坏性砍伐，使得人类同自然环境的关系越来越不协调，同时也遭到大自然无情的报复；现代文明社会，人类已经具备在区域内乃至全球范围内改造环境的能力。

环境与人类的关系：一方面，人类的生存发展要占据一定的空间，并从环境中获取物质和能量；另一方面，人类新陈代谢和生产、生活消费活动的废弃物要排放到环境中，环境对人类生产和生活中的废弃物具有一定的自净能力。

四、环境法律

我国环境相关的法律是指由全国人民代表大会及其常务委员会制定和颁布的有关环境保护的规范性文件。其地位和效力次于宪法而高于环境行政法规和地方性环境法规，是进行环境行政立法和地方性环境立法的依据。我国主要的环境法律如下。

1.《中华人民共和国环境保护法》

《中华人民共和国环境保护法》是为保护和改善环境，防治污染和其他公害，保障公众健康，推进生态文明建设，促进经济社会可持续发展而制定的。它是我国环境保护最基本的法律。其中，最重要的内容包括环境保护的基本原则、环境管理体制、环境影响评价、环境监测等。

2.《中华人民共和国环境影响评价法》

《中华人民共和国环境影响评价法》是为实施可持续发展战略，预防规划和建设项目实施后对环境造成不良影响，促进经济、社会和环境的协调发展而制定的。

3.《中华人民共和国水污染防治法》

《中华人民共和国水污染防治法》的颁布主要是为了保护和改善环境，防治水污染，保护水生态，保障饮用水安全，维护公众健康，推进生态文明建设，促进经济社会可持续发展。它是一部有关防治水污染、保护水质的法律，主要内容有：防治水污染的管理体制和管理机构；水污染防治规划；水质标准、水污染排放标准和水体功能分区；防治各类水体污染的专门措施；对污染水环境行为的各种禁止性规定；水污染监测；排污单位及个人的权利和义务；向水体排污的申报、登记、许可和收费制度；水污染物处理设施的建设、运行和管理；水污染事故报告及其处理；水污染纠纷及其处理；违反水污染防治法的法律责任。

4.《中华人民共和国大气污染防治法》

《中华人民共和国大气污染防治法》的颁布主要是为了保护和改善环境，防治大气污染，保障公众健康，推进生态文明建设，促进经济社会可持续发展。它以大气环境质量改善为主线；强化政府责任；加强标准控制；坚持源头治理；强化联防联控；鼓励信息公开和公众参与；加大处罚力度。

5.《中华人民共和国固体废物污染环境防治法》

《中华人民共和国固体废物污染环境防治法》的颁布是为了保护和改善生态环境，防治固体废物污染环境，保障公众健康，维护生态安全，推进生态文明建设，促进经济社会可持续发展。

6.《中华人民共和国噪声污染防治法》

《中华人民共和国噪声污染防治法》的颁布主要是为了防治噪声污染，保障公众健康，保护和改善生活环境，维护社会和谐，推进生态文明建设，促进经济社会可持续发展。

7.《中华人民共和国海洋环境保护法》

《中华人民共和国海洋环境保护法》的颁布是为了保护和改善海洋环境，保护海洋资源，防治污染损害，保障生态安全和公众健康，维护国家海洋权益，建设海洋强国，推进生态文明建设，促进经济社会可持续发展，实现人与自然和谐共生。

第二节　环境问题

一、环境问题定义

环境问题指由于自然和人类活动使环境发生的不利于人类的变化，一般指由于自然界或人类活动作用于人们周围的环境引起环境质量下降或生态失调，以及这种变化反过来对人类的生产和生活产生不利影响的现象。人类在改造自然环境和创建社会环境的过程中，自然环境仍以其固有的自然规律变化着；社会环境既受自然环境的制约，也以其固有的规律运动着。人类与环境不断地相互影响和作用，产生环境问题。

当代环境问题的主要特点：全球性、综合性、累积性和社会性。

二、环境问题分类

环境问题多种多样，归纳起来有两大类：一类是自然因素的破坏和污染等原因所引起的。例如，火山活动、地震、风暴、海啸等产生的自然灾害，因环境中元素自然分布不均引起的地方病，以及自然界中放射性物质产生的放射病等。另一类是人为因素造成的环境污染和自然资源与生态环境的破坏。人类生产、生活活动产生的各种污染物（或污染因素）进入环境，超过了环境容量的容许极限，使环境受到污染和破坏；人类在开发利用自然资源时，超过了环境自身的承载能力，使生态环境质量恶化，有时候会出现自然资源枯竭的现象。这些都可以归结为人为造成的环境问题。

通常所说的环境问题，多指人为因素所作用的结果。当前人类面临着日益严重的环境问题，这里，“虽然没有枪炮，没有硝烟，却在残杀着生灵”，但没有哪一个国家和地区能够逃避不断发生的环境污染和自然资源的破坏，它直接威胁着生态环境，威胁着人类的健康和子孙后代的生存。于是人们呼吁“只有一个地球”“文明人一旦毁坏了他们的生存环境，他们将被迫迁移或衰亡”，强烈要求保护人类生存的环境。环境问题的产生，从根本上讲是经济、社会发展的伴生产物。

具体可概括为以下几个方面：

1）人口增加对环境造成的巨大压力；

2）人类的生产、生活活动产生的环境污染；

3）人类在开发建设活动中造成的生态破坏等不良变化；

4）人类的社会活动，如军事活动、旅游活动等，造成的人文遗迹、风景名胜区、自然保护区的破坏，珍稀物种的灭绝以及海洋等自然和社会环境的破坏与污染。

按表现形式：环境问题分为环境污染和生态破坏（发达国家主要是环境污染，发展中国家主要是生态破坏）。

按发生的先后顺序：环境问题分为原生环境问题（如自然灾害和地方病等）和次生环境问题（如环境污染和生态破坏等）。

三、环境问题的产生和实质

（一）环境问题的产生和发展

1. 人类社会早期的环境问题

因乱采、乱捕破坏人类聚居的局部地区的生物资源而引起生活资料缺乏甚至饥荒，或者因为用火不慎而烧毁大片森林和草地，迫使人们迁移以谋生存。

2. 以农业为主的奴隶社会和封建社会的环境问题

在人口集中的城市，各种手工业作坊和居民丢弃生活垃圾，曾出现环境污染。

3. 产业革命以后到20世纪50年代的环境问题

1）出现了大规模环境污染，局部地区的严重环境污染导致公害病和重大公害事件的出现。

2）自然环境的破坏，造成资源稀缺甚至枯竭，开始出现区域性生态平衡失调现象。

4. 当前世界环境问题

环境污染出现了范围扩大、难以防范、危害严重的特点，加上自然环境和自然资源难以承受高速工业化、人口剧增和城市化的巨大压力，从而导致世界自然灾害增加。

目前环境问题的产生有以下几点：

1）各类生活污水、工农业废水导致的水体污染；

2）工业烟尘废气、交通工具产生的尾气导致的大气污染；

3）各类噪声污染；

4）各类残渣、重金属以及废弃物产生的污染；

5）过度放牧以及乱砍滥伐导致的水土流失、生态环境恶化；

6）过度开采各类地下资源导致的地层塌陷与土壤结构破坏；

7）大量使用不可再生能源导致的能源资源枯竭。

（二）环境问题的实质

1．环境问题产生的原因

巨大的人口压力、自然资源的不合理运用、片面追求经济增长速度是环境问题产生的主要原因。

2．环境问题产生的实质

环境问题就是资源问题、发展问题。其根源就是人类中心主义指导下的传统发展模式和生活方式。解决环境问题的根本出路在于转变观念和发展模式，寻求与自然相和谐的、健康的和高质量的生产、生活方式，走可持续发展之路。

四、当前主要环境问题

到目前为止，威胁人类生存并已被人类认识到的环境问题主要有全球变暖、臭氧层破坏、酸雨、淡水资源危机、资源和能源短缺、森林资源锐减、土地荒漠化、物种加速灭绝、垃圾成灾、有毒化学品污染等众多方面。

1．全球变暖

全球变暖是指全球气温升高。100 多年来，全球平均气温经历了冷—暖—冷—暖两次波动，总体来看为上升趋势。经研究发现，目前大气中能产生温室效应的气体约有 30 种，其中 CO_2 对温室效应的贡献大约为 66%，CH_4 为 16%，CFCs 为 12%，由此可见 CO_2 是造成温室效应的最重要的气体。联合国政府间气候变化专门委员会（IPCC）在 1990 年的气候变化第一次评估报告中指出，过去 100 多年中，全球平均地面温度上升了 0.3～0.6℃。100 多年来，地球上的冰川大部分后退，海平面上升了 14～25 cm。据预测，到 21 世纪中叶，世界能源消费的总格局不会发生根本性变化，人类将继续以矿物燃料为主要能源，而且对能源的需求还将增加；全球人口将达 90 亿人左右，大气中 CO_2 的体积分数将在 0.056 0%以上，地球温度将以每 10 年增加 0.3℃的速度上升，全球平均海平面每 10 年将升高 6 cm；在世界范围内影响区域可达 500×10^4 km^2，占全球土地面积的 3%，将使 10 亿人的生存受到威胁。导致全球变暖的主要原因是人类在近一个世纪以来大量使用矿物燃料（如煤、石油等），排放出大量的 CO_2 等多种温室气体。这些温室气体对来自太阳辐射的短波具有高度的透过性，而对地球反射出来的长波辐射具有高度的吸收性，也就是常说的“温室效应”，导致全球气候变暖。可见，全球变暖的后果，会使全球降水量重新分配，冰川和冻土消融，海平面上升等，既危害自然生态系统的平衡，也威胁人类的食物供应和居住环境。缓解全球气候变暖的措施主要有：①减少燃烧化石燃料，降低 CO_2 排放量；②大面积植树造林，降低 CO_2 浓度；③开发新能源，改善能源结构；④开发新技术，提高燃料的燃烧效率；⑤加强国际合作，全球共同行动。

2023 年 3 月 20 日，IPCC 发布了第六次评估综合报告——《气候变化 2023》。这份报告首次用确定的口气指出：人类活动通过排放温室气体，已毋庸置疑引起了全球变暖，大气、海洋、冰冻圈及生物圈产生了广泛而迅速的变化。人类活动造成的气候变化已经影响全球各个区域，并导致对人类和自然系统广泛的不利影响以及损失与损害。2011—2020 年，全球地表温度比 1850—1900 年高出 1.1℃。全球温室气体排放持续增长，由不可持续的能源使用、土地利用及利用方式变化，不同区域、国家、国家内部和个人的生活方式、消费和生产模式产生。报告还指出，近期内全球温升可能达到 1.5℃，或面临暂时突破 1.5℃的风险；但科学家也指出，我们所在的十年（2020—2030 年）是决定未来变暖趋势的关键十年，已存在多种可行且有效的技术和选项能够减缓并适应气候变化，一切取决于我们的选择和行动。

2．臭氧层破坏

臭氧（O_3）是空气中的痕量气体组分。据估计，若将自地球表面至 60 km 高处的所有臭氧皆集中在地球表面上，也仅有 3 mm 厚，总质量为 30×10^8 t 左右。空气中的臭氧主要集中在平流层中，并形成臭氧层，其距地面 20～30 km。臭氧层在保护生态环境方面起着十分重要的作用。它具有强烈吸收紫外线的功能，是太阳辐射的一种过滤器。臭氧对紫外线的总吸收率为 70%～90%。所以臭氧可保护地球上所有的生物与人类免遭紫外线的伤害。人类活动使臭氧层遭到破坏和损耗而变薄，即所谓“臭氧层空洞”。20 世纪 70 年代初，美国环境科学家最先观察到臭氧层受损。1985 年，英国科学家证实南极上空的臭氧层出现“空洞”，即臭氧层被破坏，变得稀薄。到 1994 年，南极上空的臭氧层破坏面积已经达 $2\,400\times10^4$ km^2。南极上空的臭氧层是在 20 亿年里形成的，可是在 20 世纪一个世纪就被破坏了 60%；北半球上空的臭氧层比以往任何时候都薄；欧洲和北美洲的臭氧层臭氧平均减少了 10%～15%，西伯利亚减少了 35%。臭氧层破坏造成的严重后果有：①危害人体健康，使晒斑、角膜炎、皮肤癌、免疫系统等疾病增加。据联合国环境规划署（UNEP）1986 年报道，若臭氧总量减少 1%，皮肤癌变率将增加 4%，扁平细胞癌变率增加 6%，白内障患者增加 0.2%～0.6%。②破坏生态系统、影响植物光合作用，导致农作物减产。紫外线还导致某些生物物种突变，实验表明，人工照射 280～320 nm 紫外线后 200 种植物中的 2/3 受损。若空气中臭氧减少 10%，将使许多水生生物变畸率增加 18%，浮游植物光合作用减少 5%。③过量紫外线照射，将使塑料、高分子材料容易老化和分解。

3．酸雨

酸雨是指 pH 小于 5.6 的雨雪或其他方式形成的大气降水（如雾、露、雹等），是一种大气污染现象。人为向大气中排放 SO_2 和 NO_2 等酸性物质，使得雨水 pH 降低，当 pH

低于 5.6 时，便形成了酸雨。大气中不同的酸性物质所形成的各类酸，都对酸雨的形成起作用，但它们作用的贡献不同。一般来说，对形成酸雨的作用，硫酸占 60%～70%，硝酸占 30%，盐酸占 5%，有机酸占 2%。所以，人为排放的 SO_2 和 NO_2 是形成酸雨的两种主要物质。受酸雨危害的地区，出现了土壤和湖泊酸化，植被和生态系统遭受破坏，建筑材料、金属结构和文物被腐蚀等一系列严重的环境问题。酸雨的危害主要是破坏森林生态系统，改变土壤性质与结构，破坏水生生态系统，腐蚀建筑物和损害人体的呼吸系统和皮肤等。当酸雨降到地面后，导致水质恶化，各种水生动植物都会受到死亡的威胁。植物叶片和根部吸收了大量的酸性物质后，引起枯萎死亡。酸雨进入土壤后，使土壤肥力减弱。人类长期生活在酸雨环境中，饮用酸性的水，会引发呼吸器官疾病、肾病和癌症等一系列疾病。酸雨的危害较普遍，酸雨问题不仅被视为区域性环境污染问题，而且有时被列入全球性环境问题。酸雨在 20 世纪五六十年代最早出现于北欧及中欧，当时北欧的酸雨是欧洲中部工业酸性废气迁移所致。20 世纪 70 年代以来，许多工业化国家采取各种措施防治城市和工业的大气污染，其中一个重要的措施是增加烟囱的高度，这一措施虽然有效地改变了排放地区的大气环境质量，但大气污染物远距离迁移的问题却更加严重，污染物越过国界进入邻国，甚至飘浮很远的距离，形成了更广泛的跨国酸雨。此外，全世界使用矿物燃料的量有增无减，也使得受酸雨危害的地区进一步扩大。全球受酸雨危害严重的有欧洲、北美及东亚地区。20 世纪 80 年代，我国酸雨主要发生在西南地区，到目前已发展到长江以南、青藏高原以东及四川盆地的广大地区。

4．淡水资源危机

地球表面虽然 2/3 被水覆盖，但是 97%为无法饮用的海水，只有不到 3%是淡水，其中又有 2%封存于极地冰川之中。在仅有的 1%的淡水中，25%为工业用水，70%为农业用水，只有很少的一部分可供饮用和其他生活用途。然而，在这样一个缺水的世界里，水却被大量滥用、浪费和污染。加之，区域分布不均匀，致使世界上缺水现象十分普遍，全球淡水危机日趋严重。世界上 100 多个国家和地区缺水，其中 28 个被列为严重缺水的国家和地区。预测再过 20～30 年，严重缺水的国家和地区将达 46～52 个，缺水人口将达 28 亿～33 亿人。我国广大的北方和沿海地区水资源严重不足，据统计我国北方缺水区总面积达 58 万 km^2。全国 500 多座城市中，有 300 多座城市缺水，每年缺水量达 58 亿 m^3，这些缺水城市主要集中在华北、沿海和省会城市、工业型城市。世界上任何一种生物都离不开水，人们贴切地把水比喻为“生命的源泉”。然而，随着地球上人口的激增，生产迅速发展，水已经变得比以往任何时候都要珍贵。一些河流和湖泊的枯竭，地下水的耗尽和湿地的消失，不仅给人类生存带来严重威胁，而且许多生物也正随着人类生产和生活造成的河流改道、湿地干化和生态环境恶化而灭绝。不少大河如美国的科罗拉多河都已雄风不再，昔日“奔流到海不复回”的壮丽景象已成为历史的记忆。

5．资源和能源短缺

当前，世界上资源和能源短缺问题已经在大多数国家甚至全球范围内出现。这种现象的出现，主要是人类无计划、不合理地大规模开采所致。20 世纪 90 年代初全世界消耗能源总数约 100 亿 t 标准煤，到 2022 年达到 214 亿 t 标准煤，预计到 2030 年将增加到 228 亿 t 标准煤。这相当于年均增长率为 0.7%，约为过去 10 年能源需求增长率的一半。从石油、煤、水利和核能发展的情况来看，要满足这种需求量是十分困难的。因此，在新能源（如太阳能、快中子反应堆电站、核聚变电站等）开发利用尚未取得较大突破之前，世界能源供应将日趋紧张。此外，其他不可再生性矿产资源的储量也在日益减少，这些资源终究会被消耗殆尽。

6．森林资源锐减

森林是人类赖以生存的生态系统中的一个重要组成部分。自 20 世纪以来，全球森林面积一直在减少。根据联合国粮食及农业组织的数据，全球森林面积从 1990 年的 4.12 亿 hm^2 减少到 2020 年的 3.98 亿 hm^2。自 2010 年以来，全球每年平均流失森林面积约为 1.6 万 km^2，相当于每分钟丢失 1 个足球场大小的森林面积。这主要是由人类活动，如大规模采伐、农业扩张、城市化等造成的。

然而，近年来一些国家已经开始采取措施保护和恢复森林。中国和印度等国家通过大规模植树造林计划，成功增加了一些森林面积。其他国家也开始减少森林砍伐。

7．土地荒漠化

简单地说，土地荒漠化就是指土地退化。人类生产、生活、战争等活动，长期以来影响了自然的荒漠化过程。例如，超过承载力的过度放牧，导致植被损失和土壤侵蚀，难以恢复，而世界约一半的牛、1/3 的羊、2/3 的山羊在干旱地区放牧；过度种植，导致养分丧失和水土流失；过度灌溉导致水分蒸发，而盐分留在土中，形成的盐碱化土地也属于退化土地。全球灌溉的耕地占总耕地的 17%，贡献了世界 40%的食物生产。但部分耕地由于大水漫灌和盐渍化，导致作物减产，约 200 万 hm^2 土地退化。《联合国防治荒漠化公约》秘书处 2023 年 10 月宣布首次推出“数据仪表盘”，揭示了全球各地的土地退化正以“惊人的速度”在发生。“数据仪表盘”反映了全球范围内令人担忧的现实——从 2015 年到 2019 年，全球每年至少损失 1 亿 hm^2 的健康、高产土地。截至 2022 年，全球荒漠化总面积约为 3 600 万 km^2，而我国目前荒漠化和沙化土地的总面积约为 425 万 km^2，占全球荒漠化土地比例高达 11.8%。

更严重的是，荒漠化和贫困相互加重，形成恶性循环。贫穷导致短期内对土地和自然资源更不合理的利用和开采。同时，荒漠化威胁食物生产、影响生物多样性、影响政治稳定、导致移民等，又引发和加重了贫困。UNEP 估计，荒漠化在 110 多个国家直接影响 2.5 亿人的生活。受威胁的干旱土地，覆盖了 40%的陆地面积，涉及约 20 亿人，既包括发达国家，也包括发展中国家，如非洲南部、中东、俄罗斯南部、澳大利亚、美国、墨西哥、巴西北部，甚至冰岛等。荒漠化影响了全球 16%的农业土地，中美洲 75%、非洲 20%和亚洲 11%的农地严重退化。因为荒漠化，全球每年农作物损失估计为 420 亿美元，主要在亚非的发展中国家。中国每年因荒漠化损失约 65 亿美元，非洲撒哈拉地区的荒漠化导致其农村的国内生产总值损失约 3%。

8．物种加速灭绝

物种就是指生物种类。现今地球上生存着500万～1 000万种生物。一般来说，物种灭绝速度与物种生成的速度应是平衡的。但是，人类活动破坏了这种平衡，使物种灭绝速度加快。当前地球正面临第六次生物大灭绝，据科学家预测，到2050年，目前世界上1/4～1/2的物种将会灭绝或濒临灭绝，并且灭绝速度越来越快。世界自然基金会发出警告：21世纪每年灭绝一种鸟类，在热带雨林，每天至少灭绝一个物种。物种灭绝将对整个地球的食物供给产生威胁，给人类社会发展带来的损失和影响是难以预料和挽回的。

9．垃圾成灾

全球每年产生垃圾近100亿t，而处理垃圾的能力远远赶不上垃圾增加的速度。我国的垃圾排放量已相当可观，在许多城市周围，排满了一座座垃圾山，除了占用大量土地外，还污染环境。危险垃圾，特别是有毒有害垃圾的处理问题（包括运送、存放），因其造成的危害更为严重、产生的危害更为深远，已成为当今世界各国面临的一个十分棘手的环境问题。

10．有毒化学品污染

市场上有7万～8万种化学品。对人体健康和生态环境有危害的约有3.5万种，其中有致癌、致畸、致突变作用的500余种。随着工农业生产的发展，如今每年又有1 000～2 000种新的化学品投入市场。由于化学品的广泛使用，全球的大气、水体、土壤乃至生物都受到了不同程度的污染、毒害，连南极的企鹅也未能幸免。自20世纪50年代以来，涉及有毒有害化学品的污染事件日益增多，如果不采取有效防治措施，将对人类和动植物造成严重的危害。

五、环境科学与工程学科的出现

随着环境问题的出现，人们开始关注环境问题。环境科学与工程这一学科是以“人类和环境”这对矛盾体为研究对象的学科，是一个由多学科到跨学科的庞大体系组成的边缘学科。它的主要任务是：揭示人类活动同自然生态之间的对立统一关系；探索全球范围内环境演化的规律；探索环境变化对人类生存的影响；研究区域环境污染综合防治的技术措施和管理措施。由于环境问题的复杂性和综合性、人与环境相互作用的广泛性以及环境污染防控目标和方法的多样性，环境科学与工程学科同自然科学、技术科学、人文社会科学等学科之间相互交叉、渗透和融合。随着经济社会和人类文明的发展，环境问题的内容、形式也不断变化，环境科学与工程学科的内涵不断丰富，外延不断拓展，在社会发展中的地位越来越重要，对其他学科的渗透和影响也越来越深入。

在现阶段，环境科学与工程学科主要是运用自然科学和社会科学的有关学科的理论、技术和方法来研究环境问题，形成与其有关的学科相互渗透、交叉的许多分支学科。

属于自然科学方面的有环境工程学、环境地学、环境生物学、环境化学、环境物理、环境数学、环境水利学、环境系统工程、环境医学等。

属于社会科学方面的有环境社会学、环境经济学、环境法学、环境管理学等。

随着各种环境问题日益突出和影响范围的不断扩大，学科的内涵日益丰富，环境工程学科已成为21世纪的带头学科之一。

环境工程学是指运用工程技术的原理和方法，防治环境污染，合理利用自然资源，保护和改善环境质量。主要研究内容有大气污染防治工程、水污染防治工程、固体废物的处理和资源化、噪声控制等，同时研究环境污染综合防治，运用系统分析和系统工程的方法，从区域环境的整体上寻求解决环境问题的最佳方案。地勘钻探环境工程属于环境工程的一个分支。

第三节 环境污染

一、环境污染

（一）环境污染的概念

1. 污染

污染是指自然环境中混入了对人类或其他生物有害的物质，其数量或程度达到或超出环境承载力，从而改变环境正常状态的现象。

2. 环境污染

环境污染是指人类活动使环境要素或其状态发生变化，环境质量恶化，扰乱和破坏了生态系统的稳定性及人类的正常生活条件的现象。其具体包括水污染、大气污染、噪声污染、土壤污染、固体废物污染等。

（1）水污染

水污染是由有害化学物质造成水的使用价值降低或丧失，污染环境的水。污水中的酸、碱、氧化剂，以及铜、镉、汞、砷等化合物，苯、二氯乙烷、乙二醇等有机毒物，会毒死水生生物，影响饮用水源、风景区景观。污水中的有机物被微生物分解时消耗水中的氧，影响水生生物的生命，水中溶解氧耗尽后，有机物进行厌氧分解，产生硫化氢、硫醇等难闻气体，使水质进一步恶化。

（2）大气污染

大气污染是由于人类活动或自然过程引起某些物质进入大气中，呈现出足够的浓度，达到足够的时间，并因此危害了人体的舒适、健康和福利或环境的现象。

大气污染物由人为源或者天然源进入大气（输入），参与大气的循环过程，经过一定的滞留时间之后，又通过大气中的化学反应、生物活动和物理沉降从大气中去除（输出）。如果输出的速率小于输入的速率，就会在大气中相对集聚，造成大气中某种物质的浓度升高。当浓度升高到一定程度时，大气就被污染了，就会直接或间接地对人、其他生物或材料等造成急性、慢性危害。

（3）噪声污染

噪声污染指所产生的环境噪声超过国家规定的环境噪声排放标准，并干扰他人正常生活、工作和学习的现象。环境噪声污染是一种能量污染，与其他污染一样，是危害人类环境的公害。

我国根据环境噪声排放标准规定的数值区分“环境噪声”与“环境噪声污染”。在数值以内的称为“环境噪声”，超过数值并产生干扰现象的称为“环境噪声污染”。

（4）土壤污染

土壤污染指人类活动产生的污染物进入土壤并积累到一定程度，引起土壤质量恶化的现象。随着现代工农业生产的发展，化肥、农药大量使用，工业生产废水排入农田，城市污水及废物不断排入土体，这些环境污染物的数量和增长速度超过了土壤的承受容量和净化速度，从而破坏了土壤的自然动态平衡，使土壤质量下降，造成土壤的污染。土壤污染就其危害而言，比大气污染、水体污染更为持久，其影响更为深远。因此也表明了土壤污染具有复杂、持久、来源广、防治困难等特点。

（5）固体废物污染

固体废物是指在生产建设、日常生活和其他活动中产生的污染环境的固态、半固态废弃物质。《中华人民共和国固体废物污染环境防治法》把固体废物分为三大类，工业固体废物、城市生活垃圾和危险废物。

目前，我国一般工业固体废物、危险废物、建筑垃圾、电子废物、农业固体废物等产生量依然较大。每年产生工业固体废物约 30 亿 t（2022 年达到 41 亿 t)、畜禽养殖废弃物近 40 亿 t、主要农作物秸秆约 10 亿 t、建筑垃圾约 20 亿 t、生活垃圾约 2 亿 t。2022 年危险废物产生量突破 1 亿 t。合计下来，全国每年新产生固体废物 100 多亿 t，历史堆存总量高达 600 亿～700 亿 t，占地超过 200 万 hm^2。

由于部分地区危险废物管理薄弱，危险废物处理能力不足、监督执法不严等问题长期存在，以及危险废物处置价格偏高等，环境风险隐患十分突出，多地相继发生固体废物非法倾倒、处置等环境污染事件，尾矿库等引发的突发环境事件也较多。2020—2021 年，生态环境部联合最高人民检察院、公安部开展严厉打击危险废物环境违法犯罪专项行动，共查处危险废物环境违法案件 11 132 起，罚款 8.86 亿元，移送公安机关 1 794 起。

简言之，环境因受人类活动影响而改变了原有性质或状态的现象称为环境污染。例如大气变污浊、水质变差、废弃物堆积，噪声、振动、恶臭等对环境的破坏都属环境污染。环境污染导致日照减弱，气候异常，山野荒芜，土壤沙化、盐碱化，草原退化，水土流失，自然灾害频繁，生物物种绝灭等。

3. 环境容量

环境容量又称环境负载容量、地球环境承载容量或负荷量，是指在人类生存和自然生态系统不致受害的前提下，某一环境所能容纳的污染物的最大负荷量。或一个生态系统在维持生命机体的再生能力、适应能力和更新能力的前提下，承受有机体数量的最大限度。环境容量包括绝对容量和年容量两个方面。前者是指某一环境所能容纳某种污染物的最大负荷量。后者是指某一环境在污染物的积累浓度不超过环境标准规定的最大容许值的情况下，每年所能容纳的某污染物的最大负荷量。

环境容量是在环境管理中实行污染物浓度控制时提出的概念。污染物浓度控制的法令规定了各个污染源排放污染物的容许浓度标准，但没有规定排入环境中的污染物的数量，也没有考虑环境净化和容纳的能力，这样在污染源集中的城市和工矿区，尽管各个污染源排放的污染物达到（包括稀释排放而达到的）浓度控制标准，但由于污染物排放的总量过大，仍然会使环境受到严重污染。因此，在环境管理上开始采用总量控制法，即把各个污染源排入某一环境的污染物总量限制在一定的数值之内。采用总量控制法，必须研究环境容量问题。

环境容量主要应用于环境质量控制，并作为工农业规划的一种依据。任一环境，它的环境容量越大，可接纳的污染物就越多，反之则越少。污染物的排放，必须与环境容量相适应。如果超出环境容量就要采取措施，如降低排放浓度，减少排放量，或者增加环境保护设施等。在工农业规划时，必须考虑环境容量，如工业废弃物的排放，农药的施用等都应以不产生环境危害为原则。在应用环境容量参数来控制环境质量时，还应考虑污染物的特性。非积累性的污染物，如二氧化硫气体等风吹即散，它们在环境中停留的时间很短，依据环境的绝对容量参数来控制这类的污染有重要意义，而年容量的意义却不大。如在某一工业区，许多烟囱排放二氧化硫，各自排放的浓度都没有超过排放标准的规定值，但合起来却大大超过该环境的绝对容量。在这种情况下，只有制定以环境绝对容量为依据的区域环境排放标准，降低排放浓度，减少排放量，才能保证该工业区的大气环境质量。积累性的污染物在环境中能产生长期的毒性效应。对这类污染物，主要根据年容量这个参数来控制，使污染物的排放与环境的净化速率保持平衡。总之，污染物的排放，必须控制在环境的绝对容量和年容量之内，才能有效地消除或减少污染危害。

环境污染的实质是人类活动将大量的污染物排入环境，超过了当地的环境容量，影响其自净能力，降低了生态系统的功能。

4. 污染物

污染物是指进入环境后能够直接或者间接危害生物的物质，其种类很多，危害很大。实际上，污染物可以定义为进入环境后使环境的正常组成发生变化，直接或者间接有害于生物生长、发育和繁殖的物质。污染物的作用对象是包括人在内的所有生物。环境污染物是指人类进入环境活动，使环境正常组成和性质发生改变，直接或者间接有害于生物和人类的物质。

污染物往往本是生产中的有用物质，有的甚至是人和生物必需的营养元素。但如没有充分利用而大量排放，或不加以回收和重复利用，就会成为环境中的污染物。因此，一种物质成为污染物，必须在特定的环境中达到一定的数量或浓度，并且持续一定的时间。数量或浓度低于某个水平（如低于环境标准容许值或不超过环境自净能力）或只短暂地存在，不会造成环境污染。例如，铬是人体必需的微量元素，氮和磷是植物的营养元素。如果它们较长时期在环境中浓度较高，就会造成人体中毒、水体富营养化等有害后果。有的污染物进入环境后，通过化学或物理反应或在生物作用下转变成新的、危害更大的污染物，也可能降解成无害的物质。不同污染物同时存在时，由于拮抗或协同作用，会使毒性降低或增大。随着人类生产的发展、技术的进步，原有污染物的排放量和种类会逐渐减少。与此同时，可能也会发现和产生新的污染物。

污染物有多种分类方法，按污染物的来源可分为自然来源的污染物和人为来源的污染物，有些污染物（如二氧化硫）既有自然来源的又有人为来源的。按受污染物影响的环境要素可分为大气污染物、水体污染物、土壤污染物等。按污染物的形态可分为气体污染物、液体污染物和固体废物。按污染物的性质可分为化学污染物、物理污染物和生物污染物。化学污染物又可分为无机污染物和有机污染物；物理污染物又可分为噪声、微波辐射、放射性污染物等；生物污染物又可分为病原体、变应原污染物等。按污染物在环境中物理、化学性状的变化可分为一次污染物和二次污染物。此外，为了强调污染物对人体的某些有害作用，还可划分出致畸物、致突变物和致癌物、可吸入的颗粒物以及恶臭物质等。

（1）一次污染物

一次污染物又称“原生污染物”，由污染源直接或间接排入环境的污染物，如排入洁净大气和水体内的化学毒物、病毒等，是环境污染的主要来源。

（2）二次污染物

二次污染物也称“次生污染物”，由污染源排出的污染物（通常称“一次污染物”）在环境中演化而成的新污染物，往往对环境和人体的危害更为严重，如大气中的二氧化硫和水蒸气相遇而生成的硫酸雾，其刺激作用比二氧化硫强数十倍；发生光化学烟雾时，所产生的臭氧、甲醛和丙烯醛等二次污染物，对动植物和建筑材料有较大的危害。

5. 新污染物

（1）新污染物的定义

新污染物是指排放到环境中的，具有生物毒性、环境持久性、生物累积性等特征，对生态环境或人体健康存在较大风险，但尚未纳入管理或现有管理措施不足的有毒有害化学物质，相对传统已经被监管的污染物而言较“新”。

目前，国际上广泛关注的新污染物有四大类：一是持久性有机污染物，二是内分泌干扰物，三是抗生素，四是微塑料。

（2）新污染物的特征

新污染物具有两大特点：

第一个特点是“新”。新污染物种类繁多，目前全球关注的新污染物超过 20 大类，每一类又包含数十或上百种化学物质。随着对化学物质环境和健康危害认识的不断深入以及环境监测技术的不断发展，可被识别出的新污染物还会持续增加，因此，联合国环境规划署对新污染物采用了“emerging pollutants”这个词，体现了新污染物将会不断新增的特点。

第二个特点是“环境风险大”。主要体现在以下几个方面：

一是危害严重性。新污染物多具有器官毒性、神经毒性、生殖和发育毒性、免疫毒性、内分泌干扰效应、致癌性、致畸性等多种生物毒性，其生产和使用往往与人类生活息息相关，对生态环境和人体健康很容易造成严重影响。

二是风险隐蔽性。多数新污染物的短期危害不明显，即便在环境中存在或已使用多年，人们并未将其视为有害物质，而一旦发现其危害性时，它们已经通过各种途径进入环境介质中了。

三是环境持久性。新污染物多具有环境持久性和生物累积性，可长期蓄积在环境中和生物体内，并沿食物链富集，或者随着空气、水流长距离迁移。

四是来源广泛性。我国现有化学物质 4.5 万余种，每年还新增上千种化学物质，这些化学物质在生产、加工使用、消费和废弃处置的全过程都可能存在环境排放，还可能来源于无意产生的污染物或降解产物。

五是治理复杂性。对于具有持久性和生物累积性的新污染物，即使达标排放，以低剂量排放进入环境，也将在生物体内不断累积并随食物链逐渐富集，进而危害环境和人体健康。因此，以达标排放为主要手段的常规污染物治理，无法实现对新污染物的全过程环境风险管控。此外，新污染物涉及行业众多，产业链长，替代品和替代技术不易研发，需多部门跨界协同治理。

（二）主要环境污染源

概括起来，环境污染源主要有以下几个方面：

1）工厂排出的废烟、废气、废水、废渣和噪声。

2）人们生活中排出的废烟、废气、噪声、脏水、垃圾。

3）交通工具（所有的燃油车辆、轮船、飞机等）排出的废气和噪声。

4）大量使用化肥、杀虫剂、除草剂等化学物质的农田灌溉后流出的水。

5）矿山废水、废渣。

6）机器噪声、电磁辐射、二氧化碳污染等。

（三）环境污染的特征

环境污染是各种污染因素本身及其相互作用的结果。同时，环境污染还受社会评价的影响而具有社会性。它的特点可归纳为：

（1）公害性

环境污染不受地区、种族、经济条件的影响，一律受害。

（2）潜伏性

许多污染不易及时发现，一旦爆发后果严重。

（3）长久性

许多污染长期连续不断地影响，危害人们的健康和生命，并不易消除。

（4）时间分布性

污染物的排放量和污染因素的强度随时间而变化。例如，工厂排放污染物的种类和浓度往往随时间而变化。由于河流的潮汛和丰水期、枯水期的交替，都会使污染物浓度随时间而变化。随着气象条件的改变会造成同一污染物在同一地点的污染浓度相差高达数十倍。交通噪声的强度随不同的时间段车流量的变化而变化。

（5）空间分布性

污染物和污染因素进入环境后，随着水和空气的流动而被稀释扩散。不同污染物的稳定性和扩散速度与污染性质有关，因此，不同空间位置上污染物的浓度和强度分布是不同的。

由上可见，为了正确地表述一个地区的环境质量，单靠某一点的监测结果是无法说明的。必须根据污染物的时间、空间分布特点，科学地制订监测计划（包括网、点设置，监测项目，采样频率等），然后对监测数据进行统计分析，才能得到较全面而客观的评述。

（四）环境污染的效应

环境是一个复杂体系，必须考虑各种因素的综合效应。从传统毒理学观点来看，多种污染物同时存在对人或生物体的影响有以下几种情况：

（1）单独作用

即当机体中某些器官只是由于混合物中某一组分受到危害，没有因污染物的共同作用而危害加深的，称为污染物的单独作用。

（2）相加作用

混合污染物各组分对机体的同一器官的毒害作用彼此相似，且偏向同一方向，当这种作用等于各污染物毒害作用的总和时，称为污染的相加作用。如大气中的二氧化硫和硫酸气溶胶之间、氯和氯化氢之间，当它们在低浓度时，其联合毒害作用即为相加作用，而在高浓度时则不具备相加作用。

（3）相乘作用

当混合污染物各组分对机体的毒害作用超过个别毒害作用的总和时，称为相乘作用。如二氧化硫和颗粒物之间、氮氧化物和一氧化碳之间，就存在相乘作用。

（4）拮抗作用

当两种或两种以上污染物对机体的毒害作用彼此抵消一部分或大部分时，称为拮抗作用。如动物试验表明，当食物中含有 30 ppm[①] 甲基汞，同时又存在 12.5 ppm 硒时，就可能抑制甲基汞的毒性。

环境污染还会不同程度地改变某些生态系统的结构和功能。

① 1 ppm=10^{-6}。

二、环境污染现状及其危害

（一）水体污染

水是人类和一切生物赖以生存的物质基础，与人类的关系最密切，并且具有经济利用价值。随着世界人口的高速增长以及工农业生产的发展，水资源的消耗量越来越大，世界用水量每年以3%～5%的速度递增。

除了自然条件影响外，水体污染破坏了水资源，是造成水资源危机的重要原因之一。水体污染是指进入水体的有害物质超过了水体的自净能力，使水体的生态平衡遭到破坏。目前全世界每年约有超过 $4\ 200\times10^8\ m^3$ 的污水排入江河湖海，污染了 $5\ 500\times10^8\ m^3$ 的淡水，约占全球径流量的14%以上。估计今后30年内，全世界污水量将增加14倍。特别是第三世界国家，污水、废水基本不经处理即排入水体更为严重，造成世界的一些地区有水但严重缺乏可用水的现象。水资源短缺已成为许多国家经济发展的障碍，成为全世界普遍关注的问题。当前，世界正面临着水资源短缺和用水量持续增长的双重矛盾。正如联合国早在1977年所发出的警告："水不久后将成为一项严重的社会危机，石油危机之后的下一个危机是水。"

（二）大气污染

大气是多种气体的混合物，按其组成类型分为恒定组分、可变组分和不定组分。大气的恒定组分是指大气中的 N_2、O_2、Ar 及微量的 Ne、He、Kr、Xe 等稀有气体，其中 N_2、O_2、Ar 3种组分共占大气总量（体积）的99.96%。可变组分是大气中的 CO_2 和水蒸气等，这些气体的含量是受地区、季节、气象以及人类生活、生产活动等因素的影响而有所变化的。不定组分是自然界和人类活动两方面产生的。自然界的火山爆发、森林火灾、海啸、地震等暂时性灾害所产生的尘埃、硫、硫化氢、硫氧化物、碳氧化物及恶臭气体等进入大气中，人类社会的生活、工农业生产排放的废气也进入大气中，使得干净的大气中出现组成成分没有的物质或者是一些组分的浓度超过正常的大气含量，对人们的生活、工作、健康、精神状态、设备财产以及生态环境等产生恶劣影响和破坏，称为大气污染。大气污染已成为严重的环境问题。据不完全统计，全球大气每年遭受到超过 7×10^8 t 的多种有害物质的污染，在主要的7种有害物质的污染中，颗粒物约占15%，SO_2 约占22%，CO 约占40%，NO_2 约占8%，碳氧化物约占14%，H_2S 和 NH_3 约占1%。目前大气污染所造成的全球性环境问题，包括温室效应、酸雨、臭氧层破坏等，引起人们的普遍关注。

我国大气污染中最为严重的主要是煤烟型污染，尽管通过引进先进的燃煤设备、选用先进的脱硫技术和除尘设备等方式来控制大气污染的程度，但是有一些经济发展较慢的地区，为了追求经济的快速发展，容易被眼前利益吸引，通过大量燃烧木材、煤炭等天然资源来换取经济效益，在经营发展过程中对生产设备不进行及时优化，造成废气排放量超过当前标准范围，隐蔽排污，忽视超标排放废气对大气环境的危害。汽车、飞机等尾气大量排放也是造成大气污染越来越严重的又一主要因素，家庭汽车出行、快递运输日益频繁，加上私人燃油汽车保有量逐年增加，交通运输规模不断扩大，使得燃油交通工具尾气排放问题越来越严重，有部分汽车在行驶过程中需要消耗大量柴油来提供动力，而柴油燃烧会产生较多有毒有害物质，这些物质大量排放到空气中严重污染大气环境。

（三）土壤污染

土壤污染是指人们在生产和生活中产生的废弃物进入土壤，当其数量超过土壤的自净能力时，土壤即受到了污染，从而影响植物的正常生长和发育，以致造成有害物质在植物体内积累，使作物的产量和质量下降，最终影响人体健康。利用工业废水和城市污水进行灌溉，堆放废渣和固体废物，施用大量化肥和农药，都有可能使土壤遭到污染。

土壤是万物之本，是植物生长的基础，也是生态环境的重要组成部分，一块肥沃的土壤不仅仅是孕育生命的摇篮，也是人类社会不断发展进化的基石，土壤情况的好坏，不仅仅与个人的身体健康和食品安全息息相关，也是国家安全的重要一环。

土壤污染的危害包括以下几个方面：

1．农作物产量质量降低

土壤污染到一定程度会导致农作物产量的缩减，质量急速降低。我国是一个人口大国，也是农业大国，农作物产量是人们生活的物质保障。然而近年来我国的农作物问题越来越严重。粮食自给率下降，必须依靠国际市场来调节。据统计，全国每年因土地污染造成的粮食产量减少 1 000 多万 t。一些地方的食品、蔬菜、水果等都存在镉、铬、砷、铅等重金属超标或接近临界值的情况。有些地方的污灌已使蔬菜味道难闻，易变质，甚至产生恶臭。同时，土壤污染对食品原料的生长、加工、食用等过程都有影响。

2．危害人体健康

受污染的土壤中含有大量的有毒有害物质。由于人类的活动，土壤的有害颗粒和农药的气体残留物会飘浮在空中。人类通过呼吸作用会将病毒等物质吸入体内，导致呼吸道疾病，农药残留物进入人体会引起急性中毒、慢性中毒或癌症的诱发；而且，污染土壤会使污染物在植物内累积，且通过食物链进入到人体和动物中，毒性很强的污染物，如汞、镉，富集到作物果实中，人或家畜食用后中毒，对人体健康造成严重损害。

3．环境污染

在工业产业较集中发达地区，土壤中的污染物在流动水带动或重力作用下向下渗透；生活垃圾大量堆积，经过长时间的日晒雨淋，其溶出物会慢慢渗入地下。这些原因都会引起地下水的有害物质含量的升高，甚至造成病原体污染，污染地下水。同时，污染较重的表土，在风力和水力的作用下，也易分别进入大气和水体，形成酸雨、毒水等现象。

目前我国正面临着严峻的土壤污染，造成污染的主要原因包括农药化肥的过度使用，工业污水的随意排放，生活、工业垃圾的处理随意，不经过任何处理直接填埋，放射性物质污染，重金属污染等，这些问题相互影响，使得我国的土壤污染问题日益严重。土壤质量的持续恶化，耕地的大量减少已经严重影响了我国食品安全。有数据表明，我国每年有 1 200 万 t 粮食受土壤重金属污染，造成的经济损失每年高达 200 亿元。我国目前 6 亿 hm^2 左右的耕地，其中有 1 000 多万 hm^2 遭受工业“三废”（废水、废气、废渣）污染，有约 330 万 hm^2 被污水灌溉污染，更为严重的是重金属污染。根据全国土壤污染调查公报的数据，有 19.4%的耕地点位污染超标，且重金属土壤污染具有隐蔽性、滞后性、累积性、难可逆性等特点。这些困难都对土壤污染的防治工作提出了严峻的考验。

（四）生态环境恶化

全球性的生态环境恶化问题，从广义的角度来讲，包括人口、粮食、资源的矛盾；从环境的角度来看，主要包括土地退化、水土流失、沙漠化、物种消失等多个方面。

土地退化是当代最为严重的生态环境问题之一，它正在削弱人类赖以生存和发展的基础。土地退化的根本原因在于人口增长、农业生产规模扩大和强度增加、过度放牧以及人为破坏植被，从而导致水土流失、沙漠化、土地贫瘠化和土地盐碱化。

水土流失是当今世界上一个普遍存在的生态环境问题。据最新估计，全世界现有水土流失面积 $2\ 500\times10^4\ km^2$，占全球陆地面积的 16.8%，每年流失的土壤高达 $257\times10^8\ t$，高出世界土壤再造速度数倍。全世界每年损失土地 600×10^4～$700\times10^4\ km^2$，受土壤侵蚀影响的人口的 80%在发展中国家。

土地沙漠化是指非沙漠地区出现风沙活动、以沙丘起伏为主要标志的沙漠景观的环境退化过程。目前全球有 $36\times10^8\ hm^2$ 干旱土地受到沙漠化的直接危害，占全球干旱土地的 70%。沙漠化的扩展使可利用的土地面积缩小，土地产出减少，降低了养育人口的能力。中国荒漠化也很严重，全国约 1.7 亿人口受到荒漠化的危害和威胁，每年因荒漠化造成的经济损失为 20 亿～30 亿美元。

生物物种消失是全球普遍关注的重大生态环境问题。物种濒危和灭绝的速度一直呈上升趋势，而且越到近代，物种灭绝的速度越快。据粗略估计，从公元前 8000 年至 1975 年，哺乳动物和鸟类的平均灭绝速率大约增加了 1 000 倍。生物学家警告说，如果森林砍伐、沙漠化及湿地等的破坏按目前的速度继续下去，那么到 2025 年将会有 100 万种生物物种从地球上永远消失。

三、世界十大环境污染事件

1. 北美死湖事件

美国东北部和加拿大东南部是西半球工业最发达的地区，每年向大气中排放二氧化硫 2 500 多万 t。其中约有 380 万 t 由美国飘到加拿大，100 多万 t 由加拿大飘到美国。20 世纪 70 年代开始，这些地区出现了大面积酸雨区，酸雨比番茄汁还要酸，多个湖泊池塘漂浮死鱼，湖滨树木枯萎。

2．卡迪兹号油轮事件

1978 年 3 月 16 日，美国 22 万 t 的超级油轮“卡迪兹号”，满载伊朗原油向荷兰鹿特丹驶去，航行至法国布列塔尼海岸触礁沉没，漏出原油 22.4 万 t，污染了 350 km 长的海岸带。仅牡蛎就死掉 9 000 多 t，海鸟死亡 2 万多 t。海事本身损失 1 亿多美元，污染的损失及治理费用达 5 亿多美元，而给被污染区域的海洋生态环境造成的损失更是难以估量。

3．墨西哥湾井喷事件

1979 年 6 月 3 日，墨西哥石油公司在墨西哥湾南坎佩切湾尤卡坦半岛附近海域的伊斯托克 1 号平台钻机打入水下 3 625 m 深的海底油层时，突然发生严重井喷原油泄漏，使这一带的海洋环境受到严重污染。

4．库巴唐“死亡谷”事件

巴西圣保罗以南 60 km 的库巴唐市，20 世纪 80 年代以“死亡之谷”闻名于世。该市位于山谷之中，20 世纪 60 年代引进炼油、石化、炼铁等外资企业 300 多家，人口剧增至 15 万人，成为圣保罗的工业卫星城。企业主只顾赚钱，随意排放废气、废水，谷地浓烟弥漫、臭水横流，有 20%的人得了呼吸道过敏症，医院挤满了接受吸氧治疗的儿童和老人，使 2 万多贫民窟居民严重受害。

5．原西德森林枯死病事件

原西德共有森林 740 万 hm^2，到 1983 年为止有 34%染上枯死病，每年枯死的蓄积量占同年森林生长量的 21%多，先后有 80 多万 hm^2 森林被毁。这种枯死病来自酸雨之害。在巴伐利亚国家公园，由于酸雨的影响，几乎每棵树都得了病，景色全非。黑森州海拔 500 m 以上的枞树相继枯死，全州 57%的松树病入膏肓。巴登-符腾堡州的“黑森林”因枞、松绿得发黑而得名，是欧洲著名的度假胜地，也有一半树染上枯死病，树叶黄褐脱落，其中 46 万亩①的树木完全死亡。汉堡也有 3/4 的树木面临死亡。当时鲁尔工业区的森林里，到处可见秃树、死鸟、死蜂，该区儿童每年有数万人感染特殊的喉炎症。

6．印度博帕尔公害事件

1984 年 12 月 3 日凌晨，震惊世界的印度博帕尔公害事件发生。午夜，坐落在博帕尔市郊的“联合碳化杀虫剂厂”一座存贮 45 t 异氰酸甲酯贮槽的保安阀出现毒气泄漏事故。1 h 后有毒雾袭向这个城市，形成了一个方圆 25 mi② 的毒雾笼罩区。毒雾导致 2 500 人死于这场污染事故，另有 1 000 多人危在旦夕，3 000 多人病入膏肓。在这一污染事故中，有 15 万人因受污染危害而进入医院就诊，事故发生 4 d 后，受害的病人还以每分钟一人的速度增加。这次事故还使 20 多万人双目失明。

这次博帕尔公害事件是有史以来最严重的因事故性污染而造成的惨案。

---

① 1 亩≈666.67 m^2。

② 1 mi=1 609.344 m。

7. 切尔诺贝利核泄漏事件

1986 年 4 月 27 日早晨，苏联切尔诺贝利核电站（现位于乌克兰）一组反应堆突然发生核泄漏事故，引起一系列严重后果。带有放射性物质的云团随风飘到丹麦、挪威、瑞典和芬兰等国，瑞典东部沿海地区的辐射剂量超过正常情况时的 100 倍。核事故使乌克兰地区 10%的小麦受到影响，此外由于水源污染，苏联和欧洲国家的畜牧业大受其害。当时预测，这场核灾难，还可能导致日后十年中 10 万居民患癌症而死亡。

8. 莱茵河污染事件

1986 年 11 月 1 日，瑞士巴富尔市桑多斯化学公司仓库起火，装有 1 250 t 剧毒农药的钢罐爆炸，硫、磷、汞等毒物随着百余吨灭火剂进入下水道，排入莱茵河。警报传向下游瑞士、德国、法国、荷兰四国 835 km 沿岸城市。剧毒物质构成 70 km 长的微红色飘带，以每小时 4 km 速度向下游流去，流经地区鱼类死亡，沿河自来水厂全部关闭，与莱茵河相通的河闸全部关闭。这次污染使莱茵河的生态受到了严重破坏。

9. 雅典“紧急状态事件”

1989 年 11 月 2 日上午 9 时，希腊首都雅典市中心大气质量监测站显示，空气中二氧化碳浓度 318 mg/m^3，超过国家标准（200 mg/m^3）59%，发出了红色危险讯号。11 时浓度升至 604 mg/m^3，超过 500 mg/m^3 紧急危险线。中央政府当即宣布雅典进入“紧急状态”，禁止所有私人汽车在市中心行驶，限制出租车和摩托车行驶，并命令熄灭所有燃料锅炉，主要工厂削减燃料消耗量 50%，学校一律停课。中午，二氧化碳浓度增至 631 mg/m^3，超过历史最高纪录。一氧化碳浓度也突破危险线。许多市民出现头疼、乏力、呕吐、呼吸困难等中毒症状。市区到处响起救护车的呼啸声。16 时 30 分，戴着防毒面具的自行车队在大街上示威游行，高喊“要污染，还是要我们！”“请为排气管安上过滤嘴！”。

10. 日本“四大公害事件”

水俣病：1956 年发生在熊本县水俣市，原因是氮肥公司将含有甲基汞的废水排入海中，造成居民由于捕食海中鱼类造成汞中毒。第二水俣病：1964 年发生在新潟县阿贺野川流域，原因是昭和电工公司将含汞废水排入海中。四日市哮喘：1960—1972 年发生在三重县四日市，原因是硫氧化物导致的大气污染。痛痛病：1950 年发生在富山县神通川流域，原因是矿山企业排放的大量镉造成的水质污染。

思考题

1. 什么是环境、环境问题、环境污染？
2. 如何正确区分环境质量标准与污染物排放标准？
3. 谈谈你对十大环境污染事件的理解。
4. 如何理解环境问题与环境污染的不同？

主要参考文献

戴星翼，董骁．环境管理[M]．上海：复旦大学出版社，2022.
高伟丽．我国城市环境污染现状及防治措施[J]．技术与市场，2017，24（8）：334，336.
李娟．城市环境污染及治理对策分析[J]．建筑工程技术与设计，2018（20）：4125.
刘旭友．“绿水青山就是金山银山”的理论与实践价值[N]．光明日报，2017-11-07.
田燕霞．城市环境污染及治理对策分析[J]．科技风，2016（5）：69.
阎西宁，陈军强．试论我国城市环境污染的现状及防治措施[J]．建筑工程技术与设计，2017（18）：3599.

第二章

环境安全与环境保护

第一节　环境安全概述

一、环境安全的概念

环境安全是指维持国家环境质量和自然资源在正常水平且不受国家内部或外部的干扰和破坏，它既包括一个国家抗击各种风险的能力，也包含国家为保护环境和自然资源所确定的目标，以及为此而采取的有关政策和措施。

环境安全是人与环境和谐程度的另一种量度，是建立在适应生存的基础上的。人类与威胁环境安全的灾害之间的斗争，基本上伴随着人类发展的全过程。过去人类主要面对的是天文、地质、气象水文、土壤生物等自然因素形成的灾害，如今人类发展过程中产生的人为灾害正严重威胁着环境安全。环境公害、战争、核威胁、生物安全等问题已经成为或正在成为人类最终实现环境安全的巨大障碍，这些安全问题对人类的威胁不亚于自然灾害。人类是否会被自己发展起来的文明所毁灭，人类如何避免自己灭亡自己，已成为人们需要思索和回答的一个重大课题。

国家环境安全中的环境概念有广义和狭义之分，从广义的角度来讲，环境可理解为与人相对应的自然界的总和，包括地理位置、地形等在内的一切环境因素；从狭义的角度来讲，环境的概念主要涉及人为造成的环境变化。随着从全球贫困到地球生态的破坏日益严重，全面安全或综合安全的理念，已不再局限在国家政治安全、军事安全上，还包括经济安全和环境安全。

二、我国当前环境安全和风险防范存在的问题

（一）企业存在的问题

1．企业环境风险意识薄弱

有较大环境风险的企业中，大部分企业规模较小，企业自身环境管理水平相对较落

后，近些年的突发环境事件折射出部分企业社会责任欠缺、环境风险防范意识淡薄等问题。在突发环境事件应急方面，多部门应急联动体制、机制未能构建。安全生产事故引发的环境污染事件处置需要安监、环保、公安、消防等多种力量的介入。然而现阶段部分事故发生后，往往是公安、消防第一时间处理火灾、爆炸事故，一旦大量的消防废液以及含有毒性、致癌性污染物的废水处置不当，将造成后果更为严重的二次污染。在环境风险防范设施建设方面，企业普遍存在风险防控设施不完备，未建设和落实相应风险防范措施及必要应急设施的现象。

2．环境风险企业布局不合理

从环境风险企业布局来看，诸多涉重企业周边环境风险敏感点位较多。

3．部分工业园区的规划布局不合理

部分工业园区规划布局不合理，地理位置无法达到相关环境的要求。一方面，由于部分工业园区在规划初期就紧邻居住区，居民动迁工作推进困难；另一方面，一些新增的居住小区却紧邻已经成熟的工业地块，形成了新的环境风险安全隐患。

（二）风险防范中存在的问题

1．环境应急响应管理体系建设不完善

目前在环境风险管理组织体系构建、应急装备配置、应急能力配套等方面还比较薄弱，环境风险企业调查管理、应急预案管理工作缺失。在风险管理方面人员配置不齐、编制少、业务水平不高、工作经验不足、应急处置队伍能力偏低、应急监测能力不足、监测设备无法快速反映事故现场情况，影响事故的处置效率。应急预案缺乏针对性和操作性，部门内部和部门之间缺少区域环境事故应急响应联动机制，缺乏紧急事件联合通报机制，缺少群众参与机制。这些方面的不足，严重影响了整体应急响应能力水平。

2．危险废物管理处置体系不健全

危险废物处置和监管工作有待进一步加强。同时，涉危企业在危险废物产生、收集、储存、运输、利用、处置等环节普遍存在环境安全及风险隐患，危险废物的日常监控与管理水平仍需提高。

3．整体环境风险管理覆盖面不全

一方面是污染企业的监管覆盖面不全。环保监管面非常狭小，绝大部分企业都在环境监管视线之外。如平常监管不到的，容易发生应急事故。另一方面是环境风险防范的覆盖面不全。现有的环境风险防范体系主要落实在重点环境污染企业方面，没有包含交通运输、跨区域的流动污染事件、特定的工程建设中引起的次生环境污染等。

4．工业企业环境风险管理方面存在不足

我国已引入分类分级管理的思想，将企业环境风险等级与环境污染责任保险、绿色信贷、环保上市核查等环境管理经济手段挂钩。然而，由于未能充分把握安全生产事件和环境污染事件的关系，安监和环保两个部门在管理中显得头绪不清，无从下手。此外，企业环境风险管理主体责任落实不到位，企业积极性不高，重视不够，应付了事。由于企业环境风险管理刚刚起步，企业往往不能够对高危设备或者设施的环境风险水平作出正确判断，找不出需要重点防控的环境风险源与风险环节，也不能够开展客观的应急处置方案设计和应急能力评估。

三、影响我国环境安全问题的社会因素

环境安全问题主要由自然性危机和人为性危机两个方面原因造成。本节侧重从人类活动的角度探讨当前造成我国环境安全问题的社会因素。

（一）国际社会因素

关于环境安全，国际社会尤其是一些发达国家比我国关注得要早，且每个国家对于本国环境安全的关注必然优于对其他国家环境安全的关注。随着全球化的发展，我国在经济发展方面受到国际社会的影响，在这个过程中我国的环境安全必然受到国际社会的影响。经济发达国家出于本国环境安全考虑会减少甚至停止可能危及环境安全的产品在本国的生产。发达国家往往通过投资手段将生产活动转移到其他国家，由于我国经济发展和贸易发展的需要以及对环境安全重视的不够而承接了这些产业转移，造成环境污染，从而出现了环境安全问题。

更有甚者，发达国家曾经为了避免污染本国环境而将一些高污染甚至危险性较高的废弃物以国际贸易的方式出口到我国，给我国带来了很大的环境安全隐患。我国生态环境部等四部委联合公布《关于全面禁止进口固体废物有关事项的公告》，明确自 2020 年 9 月 1 日起，禁止以任何方式进口固体废物，禁止我国境外固体废物进境倾倒、堆放、处置，严禁“洋垃圾”进境。

（二）国内社会因素

我国在自然资源分布不均衡、人口规模庞大的条件下经济快速发展，环境安全逐渐成为一个突出问题。从国内情况出发，影响环境安全的社会因素主要有以下两个方面。

一是我国的经济发展需求是造成环境安全问题的直接因素。我国有 14 亿人口，改革开放后，经济建设成为社会发展的核心任务。在这个过程中为了发展经济且对于环境安全的考虑不足甚至完全不考虑导致自然资源被过度使用、矿藏被过度开采、污染物未经净化处理直接排放等现象。除区域性的环境安全问题之外，我国也出现了系统性的环境安全问题，部分发展较慢地区的环境安全同样受到了影响，例如气候变化，各种极端天气较以往大大增加，洪灾、旱灾、沙尘暴等发生的频率增高且严重程度不断加深。环境安全问题已不再局限于一个区域，而是一个全局性问题。

二是我国缺乏完善的环境安全保障体系。解决环境安全问题需要规范人类活动，减少人类活动对自然环境的破坏。人类活动需要一系列的规范保证，具体而言有社会伦理、环境政策、环境法律等。社会伦理对人类活动的强制约束最弱，但是却最普及；环境法律对人类活动的强制约束最强，但地区间观念存在差异，且需要较高的成本去普及和实

施；环境政策的特点则介于两者之间。改革开放后，经济发展对于传统社会伦理产生了深刻冲击，我国社会对于环境安全问题主观上较为轻视；我国的法律体系建设是一个漫长而复杂的过程，在这个过程中往往事先制定一些与经济社会发展直接相关、社会影响大的法律规范，由于对环境安全的重视程度不够，环境安全相关法律的制定与实施滞后，导致在环境安全治理方面无法可依、执法不严；我国在经济社会管理过程中常用的工具是政府政策，但政策的强制性不如法律，且环境安全相关的政策在实施中常让位于鼓励经济发展的相关政策。因而现实中以上三者均无法充分保障我国的环境安全。

四、我国现代环境污染治理体系的构建

2020 年 3 月我国发布《关于构建现代环境治理体系的指导意见》（以下简称《指导意见》），进一步明确了构建现代环境治理体系的指导思想、基本原则、主要目标和重点任务，充分体现了党中央、国务院建立健全环境治理体系，推进生态环境保护的坚定意志和坚强决心，将为推动生态环境根本好转、建设生态文明和美丽中国提供有力制度保障。

（一）深刻把握构建现代环境治理体系的重大意义

党的十八大以来，我们党关于生态文明建设和生态环境保护的实践不断丰富和发展，在“五位一体”总体布局中，生态文明建设是其中一位；在新时代坚持和发展中国特色社会主义基本方略中，坚持人与自然和谐共生是其中一条基本方略；在新发展理念中，绿色是其中一大理念；在三大攻坚战中，污染防治是其中一大攻坚战。这“四个一”体现了我们党对生态文明建设规律的把握，体现了生态文明建设在新时代党和国家事业发展中的地位，体现了党对建设生态文明的部署和要求。

生态环境治理体系和治理能力是生态环境保护工作推进的基础支撑。党的十九大明确提出，构建政府为主导、企业为主体、社会组织和公众共同参与的环境治理体系。2018 年 5 月，习近平总书记在全国生态环境保护大会上强调，要加快建立健全以治理体系和治理能力现代化为保障的生态文明制度体系，确保到 2035 年，生态环境领域国家治理体系和治理能力现代化基本实现，美丽中国目标基本实现；到本世纪中叶，生态环境领域国家治理体系和治理能力现代化全面实现，建成美丽中国。党的十九届四中全会将生态文明制度体系建设作为坚持和完善中国特色社会主义制度、推进国家治理体系和治理能力现代化的重要组成部分作出安排部署，强调实行最严格的生态环境保护制度，严明生态环境保护责任制度，要求健全源头预防、过程控制、损害赔偿、责任追究的生态环境保护体系，构建以排污许可制为核心的固定污染源监管制度体系，完善污染防治区域联动机制和陆海统筹的生态环境治理体系。

构建现代环境治理体系，是落实党的十九大和十九届二中、三中、四中全会精神，深入贯彻习近平生态文明思想和全国生态环境保护大会精神的重要举措，是持续加强生态环境保护、满足人民日益增长的优美生态环境需要、建设美丽中国的内在要求，是完

善生态文明制度体系、推动国家治理体系和治理能力现代化的重要内容，还将充分展现生态环境治理的中国智慧、中国方案和中国贡献，对全球生态环境治理进程产生重要影响。

（二）切实巩固构建现代环境治理体系的重要成果

党的十八大以来，在以习近平同志为核心的党中央坚强领导下，各地区各部门认真贯彻落实党中央、国务院决策部署，生态环境治理体系和治理能力现代化水平不断提升，有力推动生态环境保护发生了历史性、转折性、全局性变化，为《指导意见》的制定出台奠定了坚实的实践基础。

制度体系逐步完善。中共中央、国务院印发实施《生态文明体制改革总体方案》《关于加快推进生态文明建设的意见》，制定了生态文明建设目标评价考核、自然资源资产离任审计、生态环境损害责任追究等60多项生态文明建设和生态环境保护有关的改革具体方案。划定并严守生态保护红线、排污许可、河（湖）长制、生态环境监测网络建设、禁止“洋垃圾”入境等环境治理措施加快推进，绿色金融改革、环境保护税开征、生态保护补偿等环境经济政策制定和实施，生态文明建设试验区、国家公园体制等试点有序推进，为深化改革积累了丰富经验。

监管体制不断健全。组建生态环境部，统一行使生态和城乡各类污染排放监管与行政执法职责，强化了政策规划标准制定、监测评估、监督执法、督察问责“四个统一”，实现了地上和地下、岸上和水里、陆地和海洋、城市和农村、一氧化碳和二氧化碳“五个打通”，以及污染防治和生态保护贯通，在污染防治上改变了“九龙治水”的状况，在生态系统保护修复上强化了统一监管。整合组建生态环境保护综合执法队伍，设立7个流域海域生态环境监督管理局及其监测科研中心，基本完成省以下生态环境机构监测监察执法垂直管理等改革，生态环境监测监察执法的独立性、统一性、权威性和有效性不断增强。

执法督察日益严格。坚持“立改废”并举，制修订环境保护法、大气污染防治法、水污染防治法、土壤污染防治法、核安全法、环境保护税法等9部生态环境法律。其中“史上最严”的新环境保护法自2015年开始实施，按日连续罚款、查封扣押、限产停产、行政拘留、公益诉讼等措施，成为提高环境违法成本、惩治环境违法行为的有力武器。“两高”出台办理环境污染刑事案件等司法解释，环境行政执法与刑事司法衔接机制日益完善。特别是在习近平总书记倡导、推动下，全面开展中央生态环境保护督察。中共中央办公厅、国务院办公厅印发《中央生态环境保护督察工作规定》，重新组建高规格的中央生态环境保护督察领导小组，第一轮督察及“回头看”累计解决群众身边的生态环境问题15万余个，第二轮第一批督察共交办群众举报问题约1.89万个，达到了“中央肯定、地方支持、百姓点赞、解决问题”的显著效果，成为贯彻落实习近平生态文明思想、全面加强生态环境保护的重要平台、机制和抓手。积极探索形成排查、交办、核查、约谈、专项督察“五步法”工作模式，开展强化监督定点帮扶，推动落实“党政同责、一岗双责”。

（三）坚决落实构建现代环境治理体系的重点举措

出台《指导意见》，是党中央、国务院作出的重大决策部署。必须进一步提高政治站位，增强“四个意识”，坚定“四个自信”，做到“两个维护”，认真学习好、宣传好、落实好《指导意见》，加快构建党委领导、政府主导、以企业为主体、社会组织和公众共同参与的现代环境治理体系，为推动生态文明建设和生态环境保护事业夯实基础。

把握总体要求。以习近平新时代中国特色社会主义思想为指导，深入贯彻习近平生态文明思想，坚定不移贯彻新发展理念，以坚持党的集中统一领导为统领，以强化政府主导作用为关键，以深化企业主体作用为根本，以更好动员社会组织和公众共同参与为支撑，实现政府治理和社会调节、企业自治良性互动，完善体制机制，强化源头治理，形成工作合力。坚持党的领导、多方共治、市场导向、依法治理等四个原则，到 2025 年，建立健全环境治理的领导责任体系、企业责任体系、全民行动体系、监管体系、市场体系、信用体系、法律法规政策体系，落实各类主体责任，提高市场主体和公众参与的积极性，形成导向清晰、决策科学、执行有力、激励有效、多元参与、良性互动的环境治理体系。

抓实重点任务。在健全领导责任体系方面，完善中央统筹、省负总责、市县抓落实的工作机制，明确中央和地方财政支出责任，开展目标评价考核，深化生态环境保护督察。在健全企业责任体系方面，依法实行排污许可管理制度，推进生产服务绿色化，提高治污能力和水平，公开环境治理信息。在健全全民行动体系方面，强化社会监督，发挥各类社会团体作用，提高公民环保素养。在健全监管体系方面，完善监管体制，加强司法保障，强化监测能力建设。在健全市场体系方面，构建规范开放的市场，强化环保产业支撑，创新环境治理模式，健全价格收费机制。在健全信用体系方面，加强政务诚信建设，健全企业信用建设。在健全法律法规政策体系方面，完善法律法规，完善环境保护标准，加强财税支持，完善金融扶持。

强化组织领导。构建现代环境治理体系涉及面广、各地情况差异较大。地方各级党委和政府要按照《指导意见》要求，结合本地区发展实际，进一步细化落实构建现代环境治理体系的目标任务和政策措施，确保《指导意见》确定的重点任务及时落地见效。

（四）推动法治建设，健全现代环境治理的保障体系

2023 年，多部国家法律法规出台或修订，生态环境领域的法律法规标准体系逐步完善。2023 年 4 月，青藏高原生态保护法审议通过，9 月 1 日起实施，为加强青藏高原生态保护，防控生态风险，保障生态安全，建设国家生态文明高地提供了法治保障。同年 10 月，海洋环境保护法再次修订发布；12 月，消耗臭氧层物质管理条例修订发布……这些法律法规的出台或修订，为美丽中国建设提供了坚实的法律保障。

同时，生态环境部门立足部门职责出台加强生态环境保护推进美丽中国建设的举措和文件，在区域层面积极作为，联合有关部门聚焦区域重大战略制定实施生态环保专项规划，并持续抓好落实。2023 年 4 月，生态环境部联合国家发展改革委、财政部、水利

部、国家林草局等部门印发了《重点流域水生态环境保护规划》，成为统筹水资源、水环境、水生态治理，推动重要江河湖库生态保护治理的具体行动。

除此之外，生态环境领域的地方性立法也不断完善，为国家层面的生态文明法治建设积累了宝贵经验。

第二节　环境保护

一、环境保护的概念

1. 环境保护的定义

环境保护是人类有意识地保护自然资源并使其得到合理的利用，防止自然环境受到污染和破坏；对受到污染和破坏的环境进行综合治理，以创造出适合于人类生活、工作的环境。环境保护是指人类为解决现实的或潜在的环境问题，协调人类与环境的关系，保障经济社会的持续发展而采取的各种行动的总称。其方法和手段有工程技术的、行政管理的，也有法律的、经济的、宣传教育的等。其内容主要有：

1）防治由生产和生活活动引起的环境污染，包括防治工业生产排放的“三废”、粉尘、放射性物质以及产生的噪声、振动、恶臭和电磁微波辐射，交通运输活动产生的有害气体、液体、噪声，海上船舶运输排出的污染物，工农业生产和人民生活使用的有毒有害化学品，城镇生活排放的烟尘、污水和垃圾等造成的污染。

2）防止由建设和开发活动引起的环境破坏，包括防止由大型水利工程、铁路、公路干线、大型港口码头、机场和大型工业项目等工程建设对环境造成的污染和破坏，农垦和围湖造田活动、海上油田、海岸带和沼泽地的开发、森林和矿产资源的开发对环境的破坏和影响，新工业区、新城镇的设置和建设等对环境的破坏、污染和影响。

3）保护有特殊价值的自然环境，包括对珍稀物种及其生活环境、特殊的自然发展史遗迹、地质现象、地貌景观等提供有效的保护。另外，城乡规划、控制水土流失和沙漠化、植树造林、控制人口的增长和分布、合理配置生产力等，也都属于环境保护的内容。环境保护已成为当今世界各国政府和人民的共同行动和主要任务之一。中国则把环境保护宣布为中国的一项基本国策，并制定和颁布了一系列环境保护的法律法规，以保证这一基本国策的贯彻执行。

2. 环境保护工作的意义

环境保护是当今全球面临的重要问题之一。保护环境是保证经济长期稳定增长和实现可持续发展的根本要求。环境问题的解决关系到中国的国家安全、国际形象、广大人民群众的根本利益，以及全面小康社会的实现。为社会经济发展提供良好的资源环境基础，使所有人都能获得清洁的大气、卫生的饮水和安全的食品，是政府的基本责任与义务。

在我国，由于长期以来的大规模工业化和城市化，生态环境问题日益突出，已经成为制约经济社会发展的“瓶颈”。生态环境保护的重要性主要体现在以下几个方面：首先，维护生态系统平衡。生态系统是人类生存和发展的基础，维护生态系统平衡是保障人类生存和发展的重要前提。其次，促进经济可持续发展。生态环境保护是经济可持续发展的重要保障，只有保护好生态环境，才能实现经济持续健康发展。再次，保障人民健康。生态环境的恶化会直接影响人民的身体健康，如空气污染、水污染等，已经成为人民群众最为关注的问题之一。最后，提高国际竞争力。在全球化的背景下，生态环境保护已经成为国际竞争力的重要因素之一，只有保护好生态环境，才能提高我国在国际竞争中的地位。

因此，加强生态环境保护工作，对于实现经济社会可持续发展，保障人民健康，提高国际竞争力都具有重要意义。

3. 影响生态环境保护的因素分析

在新形势下，我国生态环境保护工作开展面临着多种因素的影响。以下对一些主要因素进行分析：

（1）经济发展

经济发展是生态环境保护的重要前提之一，但也会对生态环境产生负面影响。随着经济的快速发展，工业生产和城市化进程加快，污染排放量也相应增加。因此，在生态环境保护工作中，需要探索经济发展和环境保护的平衡点。

（2）人口增长

人口增长也是影响生态环境保护的重要因素之一。人口的增加会带来更多的资源需求和环境压力，如水资源、土地资源等。同时，人口的增加也会加快城市化和工业化进程，进一步加重环境压力。

（3）气候变化

气候变化是全球性的问题，也是影响生态环境保护的因素之一。气候变化会导致极端天气和自然灾害的增加，如洪涝、干旱、暴风雪等，进而对生态环境产生不利影响。

（4）技术进步

技术进步可以提高环境保护的效率和水平，但也会对生态环境产生负面影响。例如，新技术的应用可能会产生新的环境问题，如电子垃圾等。

二、环境保护工作的发展趋势

1. 环境保护工作面临的形势

我国经过了快速的工业化、城镇化进程，几十年积累的环境问题在“十二五”时期集中爆发，“十三五”时期开始“攻坚”，使我国生态环境保护事业实现了关键转折；党的十八大以来，党和国家对生态文明建设作出了一系列重大决策部署，确立了习近平生态文明思想，推动了生态文明建设领域“四梁八柱”式的制度改革，完成了生态环境领域管理机构改革，从思想上、制度上、管理上不断完善生态环境治理体系。但突发环境事件仍然时有发生，生态环境治理仍存在短板和不足，整体的生态环境保护现状与人民群众对美好生活的追求还存在一定差距。

当前，我国生态环境保护工作面临着日益严峻的形势。一方面，随着经济社会的快速发展，资源消耗和环境污染问题日益凸显，生态环境质量受到了严重破坏；另一方面，全球气候变化等全球性环境问题，给我国的生态环境保护工作带来了新的挑战。此外，我国生态环境保护法律法规不完善、执法力度不够、监管机制不健全等问题，也制约了生态环境保护工作的开展。因此，加强生态环境保护工作已经成为我国当前和未来一个重要的任务。

依据我国经济社会发展阶段和生态环境保护工作的进展，当前生态环境保护面临的形势基本概括如下：

（1）生态环境保护高压态势持续不减

由于环境保护滞后于经济社会发展，以环境污染为代价的发展模式还没有彻底改变，生态环境保护仍将面临压力叠加、攻坚克难、负重前行的严峻形势；环保督察力度不减、节奏不变、尺度不松，生态环境保护的“倒逼”作用将持续凸显。环保法律法规及制度持续完善，管理要求不断深入，更加明确企业不可触动环保底线，环保管理工作更加强调科学精细，企业合法合规经营面临新要求。

（2）科技发展促进环保技术及管理方式变革

以信息科技、新能源科技、新材料技术为支撑的科技革命为产业赋能，人工智能、大数据、云计算等新技术快速发展，促进了污染防治技术不断推陈出新，环保管理手段持续革故鼎新，为生态环境保护工作提供了新路径、新方法，促进了污染科技治理、环保创新管理，开创性科技创新助力生态环境保护向高端化、绿色化、智能化、融合化方向发展。

（3）碳中和目标推动企业绿色转型升级

在习近平主席提出的我国力争 2060 年实现碳中和的总体目标框架下，碳排放管理被提升到新高度。实现碳中和能够推动产业结构、能源结构等转型升级，带动清洁能源大力发展，为企业走绿色低碳发展道路指明了前进方向、提供了根本遵循、提出了更高的要求。企业需要深入思考如何在建设美丽中国的宏伟蓝图中，规划绿色低碳发展战略，探究减碳路径和实施措施，提高自主贡献力度，实现二氧化碳排放达峰，助力碳中和目标达成。

2．环境保护工作的发展趋势

（1）完善生态要素保护和污染治理法治体系

“十四五”期间，我国环境保护工作应继续坚持法制先行、执法从严，构建系统化、纵深化的环境保护和污染治理法治体系。按照“山、水、林、田、湖、草”系统保护的要求，继续制定和完善国家、区域、流域、地方生态环境保护法律法规，统筹考虑山岭、水流、森林、农田、草原、海洋、湖泊、湿地、荒漠、野生动植物等生态系统要素保护。以改善环境质量为目标，适时修订《中华人民共和国大气污染防治法》《中华人民共和国水污染防治法》《中华人民共和国土壤污染防治法》，持续依法推进大气、水、土壤污染防治，综合运用污染治理、总量减排、达标排放等手段，实现减少污染存量和控制污染增量。在国家生态环境法律框架下，鼓励地方基于区域生态环境的重点和难点制定地方生态环境法规或者规章，推动跨部门、跨地区实施流域和区域性生态环境法规。同时，保障法律法规的可执行性和可操作性。环境立法要适应生态环境工作发展趋势和生态文明建设要求，法律条款尽可能规定得具体、明确，使立法更加精细化，能够有效地解决环境保护实际问题；社会公众应更多地参与到环境立法全过程，在法规表决前向社会公布草案，让公众参与法律条文合理性和可执行性的评估。

（2）健全生态空间管制制度

自然资源资产管理和开发管控、生态保护红线划定与严守，是实施生态空间用途管制的重要举措，有利于保障与维护国家生态安全和资源安全。“十四五”期间，我国根据山、水、林、田、湖、草生命共同体系统治理理念，继续推进自然资源资产产权制度改革，确保山、水、林、田、湖、草等自然资源产权形成有机整体，确保自然资源归属明确，开发利用权利与保护修复责任对等，保障自然资源整体保护和集约开发利用。按照自然资源资产“只能增值、不能贬值”的原则，利用自然资源资产负债表，结合自然资源开发管控，分区域、分阶段确定资源开发利用总量、强度、效率的上线管控要求。继续完善生态保护红线制度，建立健全全国统一的生态保护红线审批程序、生态保护红线调整程序、生态保护红线准入标准，以此保障形成生态保护红线全国“一张图”。健全生态保护补偿制度，推动生态保护红线所在地区和受益地区建立横向生态保护补偿机制，共同分担生态保护任务。细化“三线一单”编制工作要求，形成基本完善的“三线一单”数据标准、技术规范、配套规整和管理制度，切实将生态保护红线、环境质量底线、资源利用上线的约束落实到环境管控单元，并根据环境管控单元特征制定有的放矢的生态环境准入清单，控制和优化环境管控单元的开发规模、开发强度和空间布局。

（3）推动环境经济政策纵深化改革

环境经济政策在推进形成绿色发展方式和生活方式，促进污染减排和环境质量提升中发挥了积极而重要的作用。“十四五”时期，我国应继续健全生态环境财政预算制度，推进中央和地方生态环境财权与事权相匹配的财政体制机制改革。建立生态环境保护投入稳定增长机制，加大绿色科技创新投入。改革节能环保财政账户，将支出科目中的“节能环保”调整为“生态环境”。

调整生态环境保护补贴机制，从以生产端补贴为主转向以消费端补贴为主，加大对高质量绿色创新的补贴力度。以生态环境质量改善为目标，完善中央环保专项资金管理方法和绩效评价机制。探索将挥发性有机物列入环境保护税征收范围，继续推进资源税、消费税等税种的绿色化；加大对环境污染第三方治理、节能环保产业、环保 PPP 项目的税收优惠，建立全成本覆盖的污水处理、废气处理、固体废物处理收费政策；建立充分反映市场供求关系、资源稀缺程度、环境损害成本的资源要素价格机制，完善生态系统产品和服务价值的定价方法。建立体现生态价值与代际补偿的资源有偿使用制度和生态补偿制度，建立体现地方发展权保障和生态产品贡献的生态补偿政策，加大对贫困落后地区和弱势群体的补偿力度。推进重点生态功能区、生态保护红线区的发展权补偿机制、跨省界流域和区域的生态补偿机制建设。健全生态环境权益交易机制，开展环境权益抵质押交易，探索用能权、用水权、节能量和绿色电力证书等交易制度，健全排污权、碳排放、用能权、用水权初始分配制度，完善全国统一的碳排放权交易市场，逐步纳入更广泛的碳市场交易主体。推广中国绿色金融改革创新试验区的成功经验，深化绿色金融产品和服务创新，构建国内统一、接轨国际、清晰可执行的绿色金融标准体系，从产品服务、操作流程、风险防控、制度建设等方面系统规范绿色金融发展。引导和鼓励长江等重点流域以及粤港澳大湾区等重点区域探索设立绿色发展基金，推动长江经济带、京津冀等重点区域建立"互认互用"评价结果机制。

（4）健全生态环境绩效评价考核和问责机制

建立全面衡量绿色发展质量和效益且突出反映资源消耗、环境损害、生态效益的政绩考核评价体系，不断把生态环境要求纳入责任追究办法，以约束地方党政领导干部环境决策，推动环境政策落实并取得成效。构建生态环境领域干部容错机制，在总结《浙江省关于进一步激励生态环保干部改革创新担当作为容错免责的实施意见（试行)》和《山东省生态环境系统干部履职尽责容错纠错实施办法（试行)》实施经验的基础上，构建可在全国范围内实施推进的生态环保领域干部容错机制，鼓励相关干部在开展生态环境工作中先行先试、大胆创新、主动担当、善于作为。

进一步推进生态环境督察规范化、精简化，规范和精简生态环境督察问责的启动程序、问责的调查与核实程序、问责的处理决定程序和问责的信息公开程序。此外，中央生态环境督察既监督党政体制内部行为，也监督企业和个人的环境违法行为。为此，应积极推动生态环境督察制度法制化，以确保该制度的稳定性和问责效果的长效性。

（5）构建社会力量广泛参与的环境治理体系

地方教育部门和新闻媒体应依法履行生态环保政策宣传教育责任，强化公众生态环境保护意识，倡导绿色生活方式，将生态文明内化到个人价值观中。建立统一的生态环境信息发布机制，综合应用各种媒体手段向公众发布大气、水、土壤等生态环境质量信息，全面、真实、客观、及时地公开排污单位、环境执法、环境影响评价、突发环境事件应对及处置等信息，适时扩大政府环境信息主动公开的范围。根据《环境影响评价公众参与办法》，细化公众参与和监督环境保护的渠道，搭建更多的公众表达渠道，引导公众和社会组织依法、有序、理性对政府环境管理与企业环境行为进行监督，以保障公众环境信息知情权、参与权、监督权和表达权。建立政府、企业、公众间沟通对话、协商解决的机制和平台，畅通公众环境权益诉求的表达机制，及时化解企业与公众间的环境纠纷。积极发挥各类社会组织在环境立法、规划、重大政策和重点建设项目环评听证过程中的专业作用。

三、环境保护主要相关节日

1. 世界湿地日

每年的2月2日为世界湿地日。根据1971年在伊朗拉姆萨尔（Ramsar）签订的《关于特别是作为水禽栖息地的国际重要湿地公约》，湿地是指长久或暂时性沼泽地、泥炭地或水域地带，带有静止或流动的淡水、半咸水或咸水体，包括低潮时不超过 6 m 的水域。湿地对于保护生物多样性，特别是禽类的生息和迁徙有重要的作用。

2. 世界水日

1993 年 1 月 18 日，第四十七届联合国大会做出决议，确定每年的 3 月 22 日为“世界水日”。决议提请各国政府根据各自的国情，在这一天开展一些具体的活动，以唤起公众的节水意识，加强水资源保护。从 1994 年开始，中国政府把“中国水周”的时间改为每年的 3 月 22 日至 28 日，使宣传活动更加突出“世界水日”的主题。

3. 世界气象日

1960 年，世界气象组织把每年的 3 月 23 日定为“世界气象日”，以提高公众对气象问题的关注。

4. 世界地球日

世界地球日是每年的 4 月 22 日，是一个专门为世界环境保护而设立的节日，旨在提高民众对于现有环境问题的认识，并动员民众参与到环保运动中，通过绿色低碳生活，改善地球的整体环境。1970 年 4 月 22 日，美国举行第一次地球日活动，这是人类有史以来第一次大规模的群众性环保活动。中国从 20 世纪 90 年代起，每年都会在 4 月 22 日举办世界地球日活动。

5. 世界无烟日

1987 年 11 月，世界卫生组织建议将每年的 4 月 7 日定为“世界无烟日”，并于 1988 年开始执行。但因 4 月 7 日是世界卫生组织成立的纪念日，每年的这一天，世界卫生组织都要提出一项保健要求的主题。为了不干扰其卫生主题的提出，世界卫生组织决定从 1989 年起将每年的 5 月 31 日定为世界无烟日，中国也将该日作为中国的无烟日。

6. 世界环境日

20 世纪六七十年代，随着各国环境保护运动的深入，环境问题已成为重大社会问题，一些跨越国界的环境问题频繁出现，环境问题和环境保护逐步进入国际社会生活。1972 年 6 月 5—16 日，联合国在斯德哥尔摩召开人类环境会议，来自 113 个国家的政府代表和民间人士就世界当代环境问题以及保护全球环境战略等问题进行了研讨，制定了《联合国人类环境会议宣言》和 109 条建议的保护全球环境的“行动计划”，提出了 7 个共同观点和 26 项共同原则，以鼓舞和指导世界各国人民保持和改善人类环境，并建议将此次大会的开幕日定为“世界环境日”。1972 年 10 月，第 27 届联合国大会通过决议，将 6 月 5 日定为“世界环境日”。联合国根据当年的世界主要环境问题及环境热点，有针对性地制定每年的“世界环境日”主题。联合国系统和各国政府每年都在这一天开展各种活动，宣传保护和改善人类环境的重要性，联合国环境规划署同时发表环境现状的年度报告书，召开表彰“全球 500 佳”国际会议。

2004 年，中国首次结合世界环境日主题，针对国内环境保护工作实际，提出了符合中国发展需要的环境日主题，自此我国每年发布六五环境日主题。六五环境日主题既是我国生态环境保护重点工作的体现，也是对社会关注焦点的回应，其主题的变迁也是一部我国生态环境政策的演化史。20 多年来，六五环境日主题变迁体现了我国生态环境保护工作的与时俱进，反映了我国生态环境发展的巨大转变。

7. 世界防治荒漠化和干旱日

由于日益严重的全球荒漠化问题不断威胁着人类的生存，从 1995 年起，每年的 6 月 17 日被定为“世界防治荒漠化和干旱日”，旨在进一步提高世界各国人民对防治荒漠化重要性的认识，唤起人们防治荒漠化的责任心和紧迫感。

8. 国际保护臭氧层日

1987 年 9 月 16 日，46 个国家在加拿大蒙特利尔签署了《关于消耗臭氧层物质的蒙特利尔议定书》，开始采取保护臭氧层的具体行动。1995 年 1 月 23 日联合国大会决定，每年的 9 月 16 日为国际保护臭氧层日，要求所有缔约国按照《关于消耗臭氧层物质的蒙特利尔议定书》及其修正案的目标，采取具体行动纪念这个日子。

9. 世界动物日

意大利传教士圣 · 弗朗西斯曾在 100 多年前倡导每年的 10 月 4 日“向献爱心给人类的动物们致谢”。为了纪念他，人们把每年的 10 月 4 日定为“世界动物日”。

10. 世界粮食日

全世界的粮食正随着人口的飞速增长而变得越来越供不应求。从 1981 年起，每年的 10 月 16 日被定为“世界粮食日”，其宗旨在于唤起全世界对发展粮食和农业生产的高度重视。

11. 国际生物多样性日

《生物多样性公约》于 1993 年 12 月 29 日正式生效，为纪念这一有意义的日子，1994 年 12 月 29 日，联合国大会通过决议，将每年的 12 月 29 日定为“国际生物多样性日”。2001 年 5 月 17 日，根据第 55 届联合国大会第 201 号决议，国际生物多样性日改为每年 5 月 22 日。

12. 全国土地日

全国土地日是每年 6 月 25 日。1986 年 6 月 25 日，第六届全国人民代表大会常务委员会第十六次会议通过并颁布中国第一部专门调整土地关系的法律——《中华人民共和国土地管理法》。

为纪念这一天，1991 年 5 月 24 日国务院第 83 次常务会议决定，从 1991 年起，把每年的 6 月 25 日，即《中华人民共和国土地管理法》颁布的日期确定为“全国土地日”。土地日是国务院确定的第一个全国纪念宣传日。我国是世界上第一个为保护土地而设立专门纪念日的国家。

13. 中国植树节

“中国植树节”定于每年的 3 月 12 日，是我国为激发人们爱林、造林的热情，促进国土绿化，保护人类赖以生存的生态环境，通过立法确定的节日。在该节日，全国各地政府、机关、学校、公司会响应造林的号召，集中举行植树节仪式，从事植树活动。

我国曾于 1915 年规定清明节为植树节，而后在 1928 年将植树节改为孙中山逝世的 3 月 12 日，以纪念革命先驱的植树造林愿望。中华人民共和国成立后的 1979 年，在邓小平的提议下，第五届全国人大常委会第六次会议决定将每年的 3 月 12 日定为植树节。2020 年 7 月 1 日起，新修订的《中华人民共和国森林法》施行，明确每年 3 月 12 日为植树节。

14．全国生态日

2023 年 6 月 28 日，依据《全国人民代表大会常务委员会关于设立全国生态日的决定》，将每年的 8 月 15 日设立为“全国生态日”，主要是为了深化习近平生态文明思想的大众化传播，提高全社会生态文明意识，增强全民生态环境保护的思想自觉和行动自觉而设立的纪念日。

15．全国低碳日

自 2013 年起，将全国节能宣传周的第三天设立为“全国低碳日”，旨在坚持“以人为本”的理念，加强适应气候变化和防灾减灾的宣传教育。

四、环境保护相关机构

1．联合国环境规划署

联合国环境规划署正式成立于 1973 年，总部设在肯尼亚首都内罗毕，是全球仅有的两个将总部设在发展中国家的联合国机构之一。所有联合国成员国、专门机构成员和国际原子能机构成员均可加入联合国环境规划署，到目前，已有 193 个国家参加其活动。在国际社会和各国政府对全球环境状况及世界可持续发展前景愈加深切关注的 21 世纪，联合国环境规划署受到越来越高度的重视，并且正在发挥着不可替代的关键作用。

2．中华环保联合会

中华环保联合会（All-China Environment Federation，ACEF）是经中华人民共和国国务院批准，民政部注册，接受生态环境部和民政部业务指导及监督管理，由热心环保事业的人士、企业、事业单位自愿结成的、非营利性的、全国性的社团组织。中华环保联合会的宗旨是围绕实施可持续发展战略，围绕实现国家环境与发展的目标，围绕维护公众和社会环境权益，充分体现中华环保联合会“大中华、大环境、大联合”的组织优势，发挥政府与社会之间的桥梁和纽带作用，促进中国环境事业发展，推动全人类环境事业的进步。

3．中国环境保护产业协会

中国环境保护产业协会是由从事生态环境相关的生产、服务、研发、管理等活动的企事业单位、社会组织及个人自愿组成的全国性、行业性社会团体，是在民政部注册登记具有法人资格的非营利性社会团体，登记管理机关是民政部，党建工作机构是中央和国家机关工作委员会，行业管理部门是生态环境部，并接受相关部委的业务指导，与全国各省（自治区、直辖市）环境保护产业协会共同服务数万家环保企业。

4．环保中国产业联盟

环保中国产业联盟（EPCIU），简称环保中国，是致力推进“防治环境污染、改善生态环境、保护自然资源”的非法人、活动性、学术性民间组织。该联盟由相关政府部门、行业协会、主流媒体、领袖企业共同发起，并得到了社会各界的广泛关注与大力支持。该联盟宗旨：环保使世界更加美好。加速中国环保事业产业化发展，打造成熟环保产业链，整合政府部门、研究机构、环保企业、主流媒体等各方资源，促进环保产业上、中、下游企业有效融合，优化产业结构，推动经济发展。

5．中国环境文化促进会

中国环境文化促进会（China Environmental Culture Promotion Association，CECPA）隶属于中华人民共和国生态环境部，是具有社团法人资格的跨地区、跨部门、非营利性质的全国性环境文化组织。

6．中国环境科学学会

中国环境科学学会（Chinese Society For Environmental Sciences，CSES）是中国国内成立最早、专门从事环境保护事业的非营利全国性非政府科技社团组织，是中国科学技术协会所属的全国一级学会，具有跨部门、跨行业、横向联系广泛的优势和特点，是国家生态环境保护事业和科技创新体系的一支重要力量。学会登记管理机关为民政部，主管部门为中国科学技术协会，业务上受生态环境部指导。

第三节　达标排放

一、排放标准

有害物质引起毒害的量与其无害的自然本底值之间存在一界限（放射性和噪声的强度也有同样情况），所以，污染因素对环境的危害有一阈值。对阈值的研究，是判断环境污染及污染强度的重要依据，也是制定环境标准的科学依据。

（一）环境质量标准

环境质量标准（environmental quality standards）是指在一定时间和空间范围内，对环境中有害物质或因素的容许浓度所作的规定。它是国家环境政策目标的具体体现，是制定污染物排放标准的依据，也是生态环境部门进行环境管理的重要手段。环境质量标准包括国家环境质量标准和地方环境质量标准。

1．定义

环境质量标准是为了保障人体健康、维护生态环境、保证资源充分利用，并考虑技术、经济条件，而对环境中有害物质和因素作出的限制性规定。

2．产生背景

环境质量标准是随着环境问题的出现而产生的。产业革命以后，英国工业发展造成的环境污染日益严重。1912 年，英国皇家污水处理委员会对河水的质量提出三项标准，即五日生化需氧量（BOD_5）不得超过 4 mg/L，溶解氧量（DO）不得低于 6 mg/L，悬浮固体（SS）不得超过 15 mg/L，并提出用 BOD_5 作为评价水体质量的指标。近几十年来，一些国家先后颁布了各种环境质量标准。环境质量标准按环境要素分，有水环境质量标准、环境空气质量标准、土壤环境质量标准和声环境质量标准四类，每一类又按不同用途或控制对象分为各种质量标准。

3. 分类

（1）水环境质量标准

水环境质量标准（standard of water environmental quality）为控制和消除污染物对水体的污染，根据水环境长期和近期目标而提出的质量标准。水环境质量标准按水体类型划分有地表水环境质量标准、海水水质标准、地下水质量标准；按水资源用途划分有生活饮用水卫生标准、城市供水水质标准、渔业水质标准、农田灌溉水质标准、生活杂用水水质标准、景观娱乐用水水质标准、瓶装饮用纯净水、无公害食品畜禽饮用水质、各种工业用水水质标准等。

水环境质量直接关系着人类生存和发展的基本条件，水环境质量标准是制定污染物排放标准的根据，同时也是确定排污行为是否造成水体污染及是否应当承担法律责任的根据。因此，我国对水环境质量标准的制定是非常严格的，一是国家水环境质量标准由国务院环境保护部门制定，其他部门无权制定：二是国家水环境质量标准中未规定的项目，省、自治区、直辖市人民政府可以制定地方补充标准。这里需要说明的是，“地方补充标准”制定的前提是国家水环境质量标准中未规定的项目，当国家水环境质量标准对未规定的项目作出规定时，“地方补充标准”不得与国家水环境质量标准相矛盾，否则应废止，并按照国家水环境质量标准执行；“地方补充标准”的制定和颁布机关是省、自治区、直辖市人民政府，省、自治区、直辖市人民政府只有部分制定水环境质量标准的权力；“地方补充标准”制定后，要报国务院环境保护部门备案。

根据用途和存储位置不同，我国主要的水环境质量标准有《地表水环境质量标准》《地下水质量标准》《海水水质标准》《农田灌溉水质标准》《渔业水质标准》《生活饮用水卫生标准》，以及各种工业用水水质标准等。

1）《地表水环境质量标准》

《地表水环境质量标准》根据地表水各水质参数的优劣，将地表水分为五个类别。

Ⅰ类：主要适用于源头水、国家自然保护区。

Ⅱ类：主要适用于集中式生活饮用水地表水源地一级保护区、珍稀水生生物栖息地、鱼虾类产卵场、仔稚幼鱼的索饵场等。

Ⅲ类：主要适用于集中式生活饮用水地表水源地二级保护区、鱼虾类越冬场、洄游通道、水产养殖区等渔业水域及游泳区。

Ⅳ类：主要适用于一般工业用水区及人体非直接接触的娱乐用水区。

Ⅴ类：主要适用于农业用水区及一般景观要求水域。

2）《地下水质量标准》

依据我国地下水水质现状、人体健康基准值及地下水质量保护目标，并参照了生活饮用水、工业、农业用水水质最高要求，《地下水质量标准》将地下水质量划分为五类。

Ⅰ类：主要反映地下水化学组分的天然低背景含量。适用于各种用途。

Ⅱ类：主要反映地下水化学组分的天然背景含量。适用于各种用途。

Ⅲ类：以人体健康基准值为依据。主要适用于集中式生活饮用水水源及工农业水。

Ⅳ类：以农业和工业用水要求为依据。除适用于农业和部分工业用水外，适当处理后可作生活饮用水。

Ⅴ类：不宜饮用，其他用水可根据使用目的选用。

3）《海水水质标准》

按照海域的不同使用功能和保护目标，《海水水质标准》将海水水质分为四类。

第一类适用于海洋渔业水域，海上自然保护区和珍稀濒危海洋生物保护区。

第二类适用于水产养殖区，海水浴场，人体直接接触海水的海上运动或娱乐区，以及与人类食用直接有关的工业用水区。

第三类适用于一般工业用水区，滨海风景旅游区。

第四类适用于海洋港口水域，海洋开发作业区。

4）《农田灌溉水质标准》

《农田灌溉水质标准》根据农作物的需求状况，将灌溉水质按灌溉作物分为三类。

一类：水作，如水稻，灌水量 800 m^3/（亩·a）。

二类：旱作，如小麦、玉米、棉花等。灌溉水量 300 m^3/（亩·a）。

三类：蔬菜，如大白菜、韭菜、洋葱、卷心菜等。蔬菜品种不同，灌水量差异很大，一般为 200～500 m^3/亩。

5）《渔业水质标准》

《渔业水质标准》适用于鱼虾类的产卵场、索饵场、越冬场、洄游通道和水产增养殖区等海、淡水的渔业水域。

《渔业水质标准》规定的相关水质参数如下：

①漂浮物质：水面不能出现明显的油膜或浮沫。

②pH：淡水为 6.5～8.5，海水为 7.0～8.5。

③色、臭、味：不得使鱼、虾、贝、藻类带有异色、异臭、异味。

④总大肠菌群：不超过 5 000 个/L（养殖贝类的水质不超过 500 个/L）。

⑤汞含量：≤0.000 5 mg/L。

⑥镉含量：≤0.005 mg/L。

⑦铅含量：≤0.05 mg/L。

6）《生活饮用水卫生标准》

2023 年 4 月 1 日起正式实施的《生活饮用水卫生标准》（GB 5749—2022），规定了生活饮用水水质要求、生活饮用水水源水质要求、集中式供水单位卫生要求、二次供水卫生要求、涉及饮用水卫生安全的产品卫生要求、水质检验方法。该标准适用于各类生活饮用水。

（2）环境空气质量标准

环境空气质量标准是各国开展大气环境管理的核心技术文件，是大气环境规划、空气质量管理和污染物排放标准制定的根本依据。2021 年，世界卫生组织（WHO）发布新版《全球空气质量指南》（AQG），美国、欧洲等发达国家和地区相继提出修订空气质量标准的计划，特别是加严细颗粒物（$PM_{2.5}$）浓度限值。我国空气质量标准中污染物浓度限值（如 $PM_{2.5}$ 年均浓度限值为 35 μg/m^3、日均浓度限值为 75 μg/m^3）较 WHO 指导值和美国、欧盟、日本等发达国家和地区的现行标准限值偏宽松，进一步加严空气质量标准是大势所趋。

我国现行的《环境空气质量标准》（GB 3095—2012）规定了环境空气质量功能区划分、标准分级、污染物项目、取值时间及浓度限值，采样与分析方法及数据统计的有效性规定。自实施以来，空气质量明显改善，$PM_{2.5}$、SO_2、CO 等污染物浓度迅速降低。随着标准与经济社会发展的适应性发生变化，有必要通过科学分析我国主要大气污染物浓度的时序变化特征，对照现行《环境空气质量标准》中的浓度限值，筛选需加严标准限值的污染物，使标准在不同阶段能够持续引领空气质量改善。例如，2013 年，开展新标准第一阶段监测的 74 个城市 $PM_{2.5}$ 年均浓度达标比例仅为 4%；此后 10 年，我国 $PM_{2.5}$ 污染形势快速改善；2022 年，全国 75%的地级及以上城市 $PM_{2.5}$ 浓度达标，现行标准对于大部分城市 $PM_{2.5}$ 污染改善已不再具有强有力的引领作用，$PM_{2.5}$ 浓度限值修订的必要性凸显。从污染物种类来看，应加强对铅、苯并[*a*]芘等物质的健康和环境影响的科学研究，综合评估将其纳入标准的必要性。从实施进程来看，《中华人民共和国大气污染防治法》指出，大气环境质量标准的执行情况应当定期进行评估，根据评估结果适时对标准进行修订。

（3）土壤环境质量标准

对污染物在土壤中的最大容许含量所作的规定。土壤中污染物主要通过水、食用植物、动物进入人体，因此，土壤质量标准中所列的主要是在土壤中不易降解和危害较大的污染物。土壤质量标准的制定工作开始较晚，只有苏联、日本等国制定了项目不多的土壤质量标准。苏联土壤质量标准中列有 DDT、六六六、砷、敌百虫等十多个项目，日本有镉、铜和砷等项目。

我国最新的土壤环境质量标准有《土壤环境质量　农用地土壤污染风险管控标准（试行）》（GB 15618—2018）和《土壤环境质量　建设用地土壤污染风险管控标准（试行）》（GB 36600—2018）。

（4）生物质量标准

对污染物在生物体内的最高容许含量所作的规定。污染物可通过大气、水、土壤、食物链或直接接触而进入生物体，危害人群健康和生态系统。联合国粮食及农业组织（FAO）和 WHO 规定了食品（粮食、肉类、乳类、蛋类、瓜果、蔬菜、食油等）中的农药残留量。美国、日本、苏联等也规定了许多污染物和农药在生物体内的残留量。例如，日本厚生省1973年1月颁布的农药残留标准，对大米、豆类、瓜果等30多种生物性食品中的铅、砷、DDT、六六六等17种污染物规定了残留标准。我国颁布的食品卫生标准对汞、砷、铅等有毒物质和一些农药等在几十种农产品中的最高容许含量作出了规定。

（5）声环境质量标准

《声环境质量标准》（GB 3096—2008）规定了五类声环境功能区的环境噪声限值及测量方法。适用于声环境质量评价与管理。

按区域的使用功能特点和环境质量要求，声环境功能区分为以下5种类型：

0类声环境功能区：指康复疗养区等特别需要安静的区域。

1类声环境功能区：指以居民住宅、医疗卫生、文化教育、科研设计、行政办公为主要功能，需要保持安静的区域。

2类声环境功能区：指以商业金融、集市贸易为主要功能，或者居住、商业、工业混杂，需要维护住宅安静的区域。

3类声环境功能区：指以工业生产、仓储物流为主要功能，需要防止工业噪声对周围环境产生严重影响的区域。

4类声环境功能区：指交通干线两侧一定距离之内，需要防止交通噪声对周围环境产生严重影响的区域，包括4a类和4b类两种类型。4a类为高速公路、一级公路、二级公路、城市快速路、城市主干路、城市次干路、城市轨道交通（地面段）、内河航道两侧区域；4b类为铁路干线两侧区域。

除上述五类环境质量标准外，还有辐射、振动、放射性物质和一些建筑材料、构筑物等方面的质量标准。

（二）污染物排放标准

1．定义

污染物排放标准是指国家对人为污染源排入环境的污染物的浓度或总量所作的限量规定。其目的是通过控制污染源排污量的途径来实现环境质量标准或环境目标。污染物排放标准按污染物形态分为气态、液态、固态以及物理性污染物（如噪声）排放标准。

2．分类

（1）按污染物形态分类

气态污染物排放标准：规定二氧化硫、氮氧化物、一氧化碳、硫化氢、氯、氟以及颗粒物等的容许排放量。

液态污染物排放标准：规定废水（废液）中所含的油类、需氧有机物、有毒金属化合物、放射性物质和病原体等的容许排放量。

固态污染物排放标准：规定填埋、堆存和进入农田等处的固体废物中的有害物质的容许含量。

此外，还有物理性污染物排放标准，如噪声标准等。

（2）按适用范围分类

通用排放标准：通用的污染物排放标准规定一定范围（全国或一个区域）内普遍存在或危害较大的各种污染物的容许排放量，适用于各个行业。有的通用排放标准按不同排向（如水污染物按排入下水道、河流、湖泊、海域）分别规定容许排放量。一般分为国家排放标准（简称国标）和地方排放标准（简称地标）。

行业排放标准：简称行标，规定某一行业所排放的各种污染物的容许排放量，只对该行业有约束力。因此，同一污染物在不同行业中的容许排放量可能不同。行业污染物排放标准还可以按不同生产工序规定污染物容许排放量，如钢铁工业的废水排放标准可按炼焦、烧结、炼铁、炼钢、酸洗等工序分别规定废水中 pH、悬浮物总量和油等的容许排放量。

二、达标排放

1. 达标排放的概念

达标排放又称污染物达标排放，是国家对人为污染源排入环境的污染物的浓度或总量所作的限量规定。

2. 达标排放的意义

环保达标排放是国家和地方政府加强生态环境保护的一项重要措施，对于促进经济社会的健康发展和提高国家形象都具有积极作用。达标排放是企业履行环境责任的基本义务和底线要求，是生态环境保护法律制度的重要内容，是切实改善环境质量的工作基础，是建立健全环境治理体系、推进生态文明体制改革的基本要求。

《中华人民共和国大气污染防治法》指出，企业作为大气污染治理的责任主体，要按照环保规范要求，确保达标排放；《中华人民共和国环境保护法》对企业污染物超标排放规定了严格的罚则，包括按日计罚、限制生产、停产整治等；《中华人民共和国水污染防治法》要求，所有排污单位必须依法实现全面达标排放。与日益严格的环境守法要求相比，部分企业环境守法意识薄弱、达标排放治理能力不足、超标排放问题突出，严重影响环境质量、损害群众健康，不利于经济社会持续健康发展。

三、环境监测

1. 定义

环境监测是指政府及相关的生态环境部门，依照国家环境保护法的要求，利用一定的科技手段，遵守有关的法规和程序，对环境中的各类代表性的组成物质进行监测和测定，并按照有关的环境标准，对目前环境的总体质量和受到的污染进行的评价，以此作为环境工作的数据基础。环境监测的内容主要包括物理指标的监测、化学指标的监测和生态系统的监测。

环境监测就是运用化学、物理、生物、医学、遥测、遥感、计算机等现代科技手段监视、测定、监控反映环境质量及其变化趋势的各种标志数据，从而对环境质量作出综合评价的学科。既包括对化学污染物的检测和对物理（能量）因子如噪声、振动、热能、电磁辐射和放射性等污染的监测；又包括利用生物个体、种群或群落对环境污染或变化所产生的反应阐明环境污染状况的生物监测，以及利用物理、化学、生化、生态学等技术手段，对生态环境中的各个要素、生物与环境之间的相互关系、生态系统结构和功能进行监控和测试的生态监测等。

环境监测是科学管理环境和环境执法监督的基础，是环境保护必不可少的基础性工作。环境监测的核心目标是提供环境质量现状及变化趋势的数据，判断环境质量，评价当前主要环境问题，为环境管理服务。

2．目的

环境监测的目的是准确、及时、全面地反映环境质量现状及发展趋势，为环境管理、污染源控制、环境规划等提供科学依据。

具体归纳为：

1）根据环境质量标准评价环境质量。

2）根据污染分布情况，追踪寻找污染源，为实现监督管理、控制污染提供依据。

3）收集本底数据，积累长期监测资料，为研究环境容量、实施总量控制和目标管理、预测预报环境质量提供数据。

4）为保护人类健康、保护环境，合理使用自然资源，制定环境法规、标准、规划等服务。

3．特点

（1）技术特点

生产性：环境监测的基础产品是监测数据。

综合性：监测手段包括物理、化学、生物化学、生物、生态等一切可以表征环境质量的方法；监测对象包括空气、水体、土壤、固体废物、生物等客体；必须综合考虑和分析才能正确阐明数据的内涵。

连续性：由于环境污染具有时空的多变性特点，只有长期坚持监测，才能从大量的数据中揭示其变化规律，预测其变化趋势。数据越多，预测的准确性才能越高。

追踪性：环境监测是一个复杂的系统，任何一步的差错都将影响最终数据的质量。为保证监测结果具有一定的准确性、可比性、代表性和完整性，需要有一个量值追踪体系予以监督。

（2）政府行为属性

“环境监测实质上是一项政府行为”，因此环境监测具备了政府机关及其直属行政事业和科研事业单位的主体要素、行使职权的职能要素和依法实施并产生法律效果行为的法律要素。其政府行为属性体现为以下几个方面：

依法强制性：环境监测部门对污染源的监测、建设项目竣工验收监测、污染事故监测、污染纠纷仲裁监测等都具有法定强制执行的特点。

行为公正性：环境监测为政府环境决策和社会服务提供准确可靠的监测数据。

社会服务性：环境保护是社会公益事业，环境监测具有为改善环境质量服务的职能，是环境保护的基础性工作。

任务服务性：环境监测具有为环境管理服务的职能，其任务主要是由各级生态环境局下达。

4. 基本程序

根据监测目的，进行现场调查，收集相关信息和资料（水文、气候、地质、地貌、气象、地形、污染源排放情况、城市人口分布等）→根据监测技术路线，设计并制订监测方案（包括监测项目、监测网点、监测时间与频率、监测方法等）→实施方案（布点采样、样品预处理、样品分析测试等）→制定质量保证体系→数据处理→环境质量评价→编制并提交报告。

5. 分类

（1）按监测目的分类

1）监视性监测（例行监测、常规监测）。包括监督性监测（污染物浓度、排放总量、污染趋势）和环境质量监测（空气、水质、土壤、噪声等监测），是监测工作的主体，是环境监测站第一位的工作。目的是掌握环境质量状况和污染物来源，评价控制措施的效果，判断环境标准实施的情况和改善环境取得的进展。

2）特定目的监测（特例监测、应急监测）。①污染事故监测：污染事故对环境影响的应急监测，这类监测常采用流动监测（车、船等）、简易监测、低空航测、遥感等手段。②纠纷仲裁监测：主要针对污染事故纠纷、环境执法过程中所产生的矛盾进行监测，这类监测应由国家指定的、具有质量认证资质的部门进行，以提供具有法律责任的数据，供执法部门、司法部门仲裁。③考核验证监测：主要指政府目标考核验证监测，包括环境影响评价现状监测、排污许可证制度考核监测、“三同时”项目验收监测、污染治理项目竣工时的验收监测、污染物总量控制监测、城市环境综合整治考核监测。④咨询服务监测：为社会各部门、各单位等提供的咨询服务性监测，如绿色人居环境监测、室内空气监测、环境评价及资源开发保护所需的监测。

3）研究性监测（科研监测）。针对特定目的科学研究而进行的高层次监测。进行这类监测事先必须制订周密的研究计划，并联合多个部门、多个学科协作共同完成。

（2）按监测介质或对象分类

1）水质监测：分为水环境质量监测和废水监测，水环境质量监测包括地表水监测和地下水监测。监测项目包括理化污染指标和有关生物指标，还包括流速、流量等水文参数。

2）空气检测：分为空气环境质量监测和污染源监测。空气监测时常需测定风向、风速、气温、气压、湿度等气象参数。

3）土壤监测：重点监测项目是影响土壤生态平衡的重金属元素、有害非金属元素和残留的有机农药等。

4）固体废物监测：包括工业废物、卫生保健机构废物、农业废物、放射性固体废物和城市生活垃圾等。主要监测项目是固体废物的危险特性和生活垃圾特性，也包括有毒有害物质的组成含量测定和毒理学实验。

5）生物监测与生物污染监测：生物监测是利用生物对环境污染进行监测。生物污染监测则是利用各种检测手段对生物体内的有毒有害物质进行监测，监测项目主要为重金属元素、有害非金属元素、农药残留和其他有毒化合物。

6）生态监测：观测和评价生态系统对自然及人为变化所作出的反应，是对各生态系统结构和功能时空格局的度量，着重于生物群落和种群的变化。

7）物理污染监测：指对造成环境污染的物理因子如噪声、振动、电磁辐射、放射性等进行监测。

（3）按专业部门分类

可分为气象监测、卫生监测、资源监测等。

（4）按监测区域分类

①厂区监测：企事业单位对本单位内部污染源及总排放口的监测，各单位自设的监测站主要从事这部分工作。②区域监测：全国或某地区生态环境部门对水体、大气、海域、流域、风景区、游览区环境的监测。

6．作用

在实施环境保护工作过程中，环境监测是一项十分重要的工作。通过环境监测，可以对环境污染情况作出分析、预报，为生态环境部门制定环境政策提供依据。所以，在环境保护工作中，环境监测是必不可少的一部分，也是最有效的环境保护措施。

（1）环境监测在环境治理中的作用

环境治理要采取各种有效的措施，具体包括环境监测、回收数据分析、统筹规划、区域人文环境、治理方案内容、实施注意事项、治理效果反馈、总结归纳等。在环境治理中，环境监测起着基础性的作用。没有环境监测，就不能进行后续的工作，环境治理工作就会陷入停滞状态。同理，如果要在一个特殊的地区或者是一个被严重污染的地区，对其进行环境监测，需要建立一个环境监测站，调动一些相关的专业人士，进行经常性的巡查，并且将所发现的监测问题，及时向生态环境部门的相关领导汇报，最后按照领导的指示，在宏观和微观两个层面上，对其作出相应的决策，从而实现对环境的管理。所以，在环境治理过程中，环境监测起着举足轻重的作用。我们不能脱离它去讨论治理问题，而是要深入到基层去，对监测工作进行深入的认识，这样我们就可以作出正确的决策，也就可以使我们的环境治理工作获得民众的支持。因此，我们必须对环境监测工作给予足够的关注。

（2）环境监测在城市建设中的作用

为了有效地保护人类赖以生存的生态环境，必须对其进行环境监测。在城市的建设过程中，要对全市的土地、水源、空气质量等方面进行环境的监测和评价，从而为城市的建设提出相应的计划。例如，什么地方能够建成居住区，什么地方能够进行工业化的建设等，这些都是需要环境监测来提供的基础数据。在城市建设过程中，特别要注意对资源的开发，因为资源在环境保护中是非常重要的一个管理层面，如果不加控制地进行开发，一旦超出了地方资源所能承载的范围，就会给生态系统带来极大的危害，更主要的是，还会对生态系统这一维持人类生存的根基进行破坏。因此，在城市建设过程中，环境监测对于保护资源、促进资源的合理利用具有重要的意义。同时，也为合理利用资源，维护生态安全，提供了依据。另外，环境监测的应用范围很广。例如，可以在机动车排气口设置污染物质处理设备，使其经过处理后达到标准，从而降低空气污染；也可以为企业污水提供环境保护处理方案，使部分企业不但能实现不污染环境，又能保证就业。

（3）环境监测对增强人们环保意识的作用

近年来，由于环境保护意识的日益增强，有关环境保护问题的争论也越来越多。在环境保护工作中，不管采取何种方式，采取何种方案，都与人们自身的环境保护意识密不可分。增强人们对环境保护的认识，对环境保护和治理工作将起到事半功倍的作用。环境监测能够对当下时间地点的环境质量进行评价。此外，科技的应用能够让我们以多种方式，例如，手机 App 等，对目前环境中的空气质量、风力、湿度、体感温度、气压进行报告，可以依据监测的数据，为人们提供出行、穿衣、运动安排的依据。还可以对当下环境进行预警监测，通过对数据的分析，提醒人们要提升环境保护意识，如要学会对垃圾进行分类，不能随地吐痰等，规范人们的行为，在增强人们环境保护意识的同时，也能起到警示推动的作用。

（4）环境监测对环境保护的引导作用

水、空气和土壤是生态环境中最基本的物质，它们会被许多因素所影响，因而也是人们所关注的重点。利用环境监测，可以对监测对象中污染源和污染程度进行深入分析，有助于预测未来环境污染的趋势，为制定相关措施提供数据信息，有效地防止污染源的扩散。而生态环境保护的成效又是以治理成效来衡量的，生态环境保护的品质又是以环境监测为基础的。为此，应加强对环境的监测，才能更好地把握我国生态环境的方向。

（5）为环境保护提供依据

当前，由于我国环境保护工作中出现了很多问题，所以，以环境保护为前提，以满足人们的生活需求，就成了环境保护工作的共同目的。我国的环境保护工作，有赖于环境保护标准的制定与环境保护监测技术的运用。要将监测数据与监测领域的环境标准相对照，在对数据进行分析后，对该区域的环境污染情况作出准确的判断，并找出相应的解决方案。同时，它还可以为相关部门提供可靠的数据资料，为决策提供依据。例如，在遇到危险化学品使用不当导致的爆炸等问题时，专业人士可以通过环境监测得到的数据，在最短的时间内控制污染和破坏的蔓延，避免造成大的损失。

第四节 环境影响评价

一、环境影响评价概述

（一）环境影响评价的概念及内容

1. 环境影响评价的概念

环境影响评价是建立在环境监测技术、污染物扩散规律、环境质量对人体健康影响、自然界自净能力等基础上发展而来的一门科学技术，其功能包括判断功能、预测功能、选择功能和导向功能。

《中华人民共和国环境影响评价法》中对环境影响评价的定义是“对规划和建设项目实施后可能造成的环境影响进行分析、预测和评估，提出预防或者减轻不良环境影响的对策和措施，进行跟踪监测的方法与制度”。法律强制规定环境影响评价为指导人们开发活动的必须行为，成为环境影响评价制度，是贯彻“预防为主”环境保护方针的重要手段。

环境影响评价广义指对拟议中的人为活动（包括建设项目、资源开发、区域开发、政策、立法、法规等）可能造成的环境影响，包括环境污染和生态破坏，也包括对环境的有利影响进行分析、论证的全过程，并在此基础上提出采取的防治措施和对策。狭义指对拟议中的建设项目在兴建前即可行性研究阶段，对其选址、设计、施工等过程，特别是运营和生产阶段可能带来的环境影响进行预测和分析，提出相应的防治措施，为项目选址、设计及建成投产后的环境管理提供科学依据。

2. 环境影响评价的基本内容

环境影响评价的基本内容包括：

1）评价区域环境特征调查。

2）项目工程分析、排污分析。

3）评价区域主要污染源调查及评价。

4）评价区域环境质量现状调查及评价（大气、地表水、地下水、土壤、声、生态）。

5）环境影响预测及评价（大气、地表水、地下水、土壤、声、生态）。

6）环境风险评价（大气、地表水）。

7）污染防治措施可行性评价。

8）项目的清洁生产与循环经济分析。

9）环境损益分析。

10）公众参与。

11）环境管理及监测规划。

3. 环境影响评价文件

环境影响评价制度是为了控制和减少环境破坏行为，环境影响评价制度中的重要连接点就是三个环境影响评价文件，分别是环境影响报告书、环境影响报告表和环境影响登记表。这三个文件，使国家对环境的宏观保护落实到规划和建设项目上，分别对各类行为产生约束，把国家管理和可能影响环境的行为连接起来，实现对环境保护的有效监督。

三个环评文件依据适用主体和对环境影响的程度进行区分。规划的主体为主管城市各项规划的行政机关，其环评管理更为严格，只适用环境影响报告书。

建设项目的主体更为多元，基于对环境影响的大小分为：①可能造成重大环境影响的，应当编制环境影响报告书，对产生的环境影响进行全面评价；②可能造成轻度环境影响的，应当编制环境影响报告表，对产生的环境影响进行分析或者专项评价；③对环境影响很小、不需要进行环境影响评价的，应当填报环境影响登记表。

（二）环境影响评价中常用术语

1）环境要素。环境要素也称作环境基质，是构成人类环境整体的各个独立的、性质不同的而又服从整体演化规律的基本物质组分。通常是指自然环境要素，包括大气、水、生物、岩石、土壤以及声、光、放射性、电磁辐射等。环境要素组成环境的结构单元，环境结构单元组成环境整体或称为环境系统。

2）环境遥感。用遥感技术对人类生活和生产环境以及环境各要素的现状、动态变化发展趋势，进行研究的各种技术和方法的总称。具体地说，是利用光学的、电子学的仪器从高空（或远距离）接收所测物体的反射或辐射电磁波信息。经过加工处理成为能识别的图像或能用计算机处理的信息，以揭示环境如大气、陆地、海洋等的形状、种类、性质及其变化规律。

3）环境灾害。由人类活动引起环境恶化所导致的灾害，是除自然变异因素外的另一重要致灾原因。其中气象水文灾害包括洪涝、酸雨、干旱、霜冻、雪灾、沙尘暴、风暴潮、海水入侵。地质地貌灾害包括地震、崩塌、雪崩、滑坡、泥石流、地下水漏斗、地面沉降。

4）环境区划。环境区划分为环境要素区划、环境状态与功能区划、综合环境区划等。

5）环境背景值。环境背景值又称环境本底值，是指环境中的水、土壤、大气、生物等要素，在其自身的形成与发展过程中，在没有受到外来污染影响下形成的化学元素组分的正常含量。

6）环境自净。进入到环境中的污染物，随着时间的变化不断降解和消除的现象。

7）水源地保护。为保证饮用水质量对水源区实施的法律与技术措施。

8）水质布点采样。为了反映水环境质量而确定监测采样点位，采集水样的全过程。

9）水质监测。采用物理、化学和生物学的分析技术，对地表水、地下水、工业和生活污水、饮用水等水质进行分析测定的过程。

10）水质模型。天然水体质量变化规律描述或预测的数学模型。

11）生态影响评价。通过定量地揭示与预测人类活动对生态的影响及其对人类健康与经济发展的作用分析，来确定一个地区的生态负荷或环境容量。

12）生物多样性。一定空间范围内各种各样有机体的变异性及其有规律地结合在一起的各种生态复合体总称。包括基因、物种和生态系统多样性三个层次。

13）生物监测。利用生物个体、种群或群落对环境质量及其变化所产生的反应和影响来阐明环境污染的性质、程度和范围，从生物学角度评价环境质量的性质、程度和范围，从生物学角度评价环境质量的过程。

14）生态监测。是观测与评价生态系统的自然变化及对人为变化所作出的反应，是对各类生态系统结构和功能的时空格局变量的测定。

15）背景噪声。除研究对象以外所有噪声的总称。

16）大气污染。由于人类活动或自然过程引起某种物质进入大气或由它转化而成的二次污染达到一定浓度和持续时间，足以对人体健康、动植物、材料、生态或环境要素产生不良影响或效应的现象。

17）大气样品采样。采集大气中污染物的样品或受污染空气的样品，以获得大气污染的基本数据。

18）大气质量评价。根据人们对大气质量的具体要求，按照一定的环境标准、评价标准和采用某种评价方法对大气质量进行定性或定量评估。

二、环境影响评价的分类

1．按照评价对象分类

环境影响评价可以分为：

1）规划环境影响评价：在规划编制阶段，对规划实施可能造成的环境影响进行分析、预测和评价，并降低预防或者减轻不良环境影响的对策和措施的过程。这一过程具有结构化、系统化和综合性的特点，规划应有多个可替代的方案。通过评价将结论融入拟制定的规划中或提出单独的报告，并将成果体现在决策中。

2）建设项目环境影响评价：国家根据建设项目对环境的影响程度，对建设项目的环境影响评价实行分类管理。建设单位应当按照规定组织编制环境影响报告书、环境影响报告表或者填报环境影响登记表。

2．按照环境要素分类

环境影响评价可以分为：

1）大气环境影响评价。

2）地表水环境影响评价。

3）声环境影响评价。

4）生态环境影响评价。

5）固体废物环境影响评价。

3．按照时间顺序分类

环境影响评价一般分为：

1）环境质量现状评价：依据国家颁布的环境质量标准和评价方法，对一个区域内当前的环境质量进行的检查、监测与评价。

2）环境影响预测评价：一般是指对人为活动可能造成的环境影响进行预测与评价，并在此基础上提出采取的防治措施和对策。

3）环境影响后评价：在规划或开发建设活动实施后，对环境的实际影响程度进行系统调查和评估。检查对减少环境影响的措施落实程度和效果，验证环境影响评价结论的正确可靠性，判断评价提出的环保措施的有效性，对一些评价时尚未认识到的影响进行分析研究，并采取补救措施，消除不利影响。

三、环境影响评价的技术原则

环境影响评价是一个过程，这个过程重点在决策和开发建设活动开始前，体现出环境影响评价的预防功能。决策后或开发建设活动开始，通过实施环境监测计划和持续性研究，环境影响评价还在延续，不断验证其评价结论，并反馈给决策者和开发者，进一步修改和完善其决策和开发建设活动。为体现实施环境影响评价制度的这种作用，在环境影响评价的组织实施中必须坚持可持续发展战略和循环经济理念，严格遵守国家的有关法律、法规和政策，做到科学、公正和实用，并应遵循以下基本技术原则：

1）与拟议规划或拟建项目的特点相结合。

2）符合国家的产业政策、环保政策和法规。

3）符合流域、区域功能区划、生态保护规划和城市发展总体规划，布局合理。

4）符合清洁生产的原则。

5）符合国家有关生物化学、生物多样性等生态保护的法规和政策。

6）符合国家资源综合利用的政策。

7）符合国家土地利用的政策。

8）符合国家和地方规定的总量控制要求。

9）符合污染物达标排放和区域环境质量的要求。

10）正确识别可能的环境影响。

11）选择适当的预测评价技术方法。

12）环境敏感目标得到有效保护，不利环境影响最小化。

13）替代方案和环境保护措施、技术经济可行。

第五节　环境质量管理体系

一、环境质量管理体系概述

环境质量管理体系（environmental quality management system，EQMS）是指一个组织或企业为了保护环境和提高环境质量而建立和实施的一系列管理和控制措施。

环境质量管理体系的核心目标是保护环境、减少环境污染和资源浪费，促进可持续发展。它包括一系列的管理原则、政策、程序和措施，旨在帮助组织合法合规操作，提高环境绩效，并与相关利益方进行沟通和合作。

一个完善的环境质量管理体系应该包含以下几个核心要素：

（1）管理原则

环境质量管理体系应基于科学、公正、透明和可持续发展的原则。这些原则包括预防污染、资源的高效利用、环境保护、风险管理、持续改进等。

（2）管理政策

组织应制定和实施环境管理政策，明确组织对环境质量的承诺和目标。这些政策应该包括符合法律法规要求、减少环境污染、提高资源利用效率、推动环境创新等方向。

（3）风险评估与控制

组织应对环境风险进行综合评估和控制，包括对潜在的环境污染源进行识别、评估风险、建立控制措施、监测和评估控制效果等。

（4）法律法规合规

组织应遵守相关环境法律法规和标准要求，包括供应链管理、废物处理、排放限制等。同时。还应确保与利益相关方的合作和沟通，共同推动环境保护工作。

（5）绩效评估与持续改进

组织应根据一定的指标和评估体系，对环境管理绩效进行定期评估和监控，以识别和推动改进机会，并建立沟通和反馈机制，以不断提高环境绩效。

（6）培训与意识提升

组织应加强员工的环境意识与技能培训，提高员工对环境管理的认识和参与程度，这包括为员工提供环境培训课程、制定环境责任制度、组织环境活动等。

环境质量管理体系的好处是多方面的。首先，它有助于减少环境污染和资源浪费，提高资源的有效利用率，降低组织的环境风险；其次，它有助于组织遵守法律法规和标准要求，提升组织形象和品牌价值；最后，它还可以为组织带来节约成本、提高工作效率的机会，促进组织可持续发展。

在实施环境质量管理体系时，组织应该根据自身情况和需要，进行合理的规划和安排。首先，需要建立一个环境管理团队，明确责任和职责，制定实施计划时刻表；其次，需要进行环境管理现状评估，识别和分析现有的管理措施和问题；再次，制定和实施一系列的管理和控制措施，包括环境管理政策、工作程序、培训计划等；最后，需要定期对环境绩效进行评估和监控，及时调整和改进管理体系。

总之，环境质量管理体系是组织保护环境、提高环境质量的一种重要手段。它对组织和社会都具有重要意义和影响力。通过实施环境质量管理体系，组织可以有效控制和减少环境污染，提高资源利用效率，实现可持续发展目标。

二、ISO 14000 环境管理系列标准

（一）简介

ISO 14000 环境管理系列标准是国际标准化组织于 1993 年负责起草的国际系列环境管理标准。共分七个系列：环境管理体系、环境审核、环境标志、环境行为评估、生命周期评估、术语和定义、产品标准中的环境指标。目的是通过这套标准从环境管理和经济发展的结合上去规范企业和社会团体等所有组织的环境行为，最大限度地合理配置和节约资源，减少人类活动对环境的影响，维持和持续改善人类生存与发展的环境。

根据 ISO 14001 中 3.5 的定义，环境管理体系是指一个组织内全面管理体系的组成部分，它包括为制定、实施、实现、评审和保持环境方针所需的组织机构、规划活动、机构职责、惯例、程序、过程和资源，还包括组织的环境方针、目标和指标等管理方面的内容。

（二）要点

ISO 14000 环境管理系列标准是创建绿色企业的有效工具，而且是一个国际通用的标准，可以通过标准的认证，对企业持续地开展环境管理工作及对企业的可持续发展起到有效的推动作用。ISO 14000 环境管理系列标准是适用于任何组织的标准，由于行业之间、组织之间具体情况的差异，许多组织不能理解标准的这一特点。标准的这一广泛适用性正反映了该系列标准是一个基本标准，是一个管理框架。每个组织首先要理解标准的精要，才能在此基础上实施标准。根据实践工作的经验，实施 ISO 14000 环境管理系列标准的指导原则主要有：

1. 环境管理服务于社会环境问题的改善

一般情况，一个组织的经营管理服务于组织自身发展的需要，但是环境管理工作的根本目标是满足社会环境保护和持续发展的需要。在许多情况下，环境保护和企业发展是一对尖锐的矛盾，企业为了生存和发展会选择后者而不顾及环境保护。随着全球环境状况的恶化，保护环境、改善环境急不可待，公众的环境意识逐渐增强，政府的环境管理法律法规日趋严厉，因此，企业必须实施环境管理。

2. 领导的作用

企业最高管理层的高度重视和强有力的领导是企业实施环境管理的保障，也是取得成功的关键。由于最高管理层是组织的决策层，决定和控制着组织的发展情况，同时为管理活动提供资金、人力等方面的保障，并在实施过程中起到协调和引导作用，所以领导的作用是重要的。在环境管理中，领导作用不能很好地发挥有两个主要表现：一是领导不能很好地了解环境问题，无法在这方面作出决策判断，只是把这一工作交给某个部门去做，这样的工作往往会发生较大的偏离。二是领导不力，不能较好地协调各部门的管理，使环境管理工作障碍很大，往往中途失败。出现上述问题的原因可能是领导素质

较低，不胜任工作。我国的领导选拔培养机制中有一条是在岗位上锻炼和培养，这对管理工作是非常不利的。每个岗位，无论是最高领导层还是普通的操作岗位，都需要胜任的员工担任，这样岗位的作用才能充分发挥；“在岗培养”意味着该员工是不胜任的，在把他培养成胜任人员以前的这一过程中，由于该员工的不胜任就造成了许多工作的偏差，有些结果是非常不利的。尤其在环境管理过程中，更不能允许不胜任的人员在岗，因为一旦造成环境问题，其后果是严重的，也是无法挽回的。

3．全员参与环境管理工作

环境管理是一项管理工作，但并不意味着管理工作只是管理层的事。员工参与管理若能很好地把握，对管理是很有帮助的。在企业环境管理中发现，管理者并不与员工有效沟通，只是对员工下命令，所以员工对命令的不理解甚至抵触，使命令得不到有效执行。当命令得不到有效执行时，管理者更愿意把它归结为员工素质低，造成这一问题不能解决。

4．实施过程控制

过程是指将输入转化为输出所使用资源的各项活动的系统。过程的目的是提高其价值。任何一项活动都可以作为一个过程来管理。过程管理能够极大地提高效率。

在一般的产品生产过程中，生产的结果是有形的产品，所以对结果的控制可以有两种情况：一种是直接对生产结果——产品的控制，一般采用检验的方法，把不合格品剔除；另一种情况是对生产过程进行控制，减少不合格品产生的可能性。第一种方式被广泛采用，可以有效控制产品质量，但企业的损失较大，因为次品要返工或报废。这是对资源的极大浪费。过程控制可以明显减少这类浪费并且保证质量。环境管理也存在类似情况：末端治理和过程控制。末端治理是指在生产过程的末端，针对产生的污染物开发并实施有效的治理技术。末端治理在环境管理发展过程中是一个重要的阶段，它有利于消除污染事件，也在一定程度上减缓了生产活动对环境的污染和破坏趋势。但随着时间的推移、工业化进程的加速，末端治理的局限性也日益显露。第一，处理污染的设施投资大、运行费用高，使企业生产成本上升，经济效益下降；第二，末端治理往往不是彻底治理，而是污染物的转移，如烟气脱疏、除尘形成大量废渣，废水集中处理产生大量污泥等，所以不能根除污染；第三，末端治理未涉及资源的有效利用，不能制止自然资源的浪费。所以，要真正解决污染问题需要实施过程控制，减少污染的产生，从根本上解决环境问题。

5．持续改进

持续改进是一个组织积极寻找改进的机会，努力提高有效性和效率的重要手段。由于环境问题在不断发展、不断变化，所以，环境管理的目标是持续改进的，这也符合可持续发展的原则。

企业采取措施，提高环境绩效较容易做，在环境得到改善后，保持现有的环境管理水平及环境管理绩效也较容易，但是，要提升管理绩效却较难，原因在于管理者缺乏持续改进的意识。对“改进”，企业的管理者更多地把它理解为没有达到标准或没有满足时，通过改进达到标准或得到满足，这方面工作实际上不能称为“改进”，只是一种“改正”。“改进”应该是指所要满足的标准不断提高，由于标准提高，如果企业通过努力仍能满足标准，那么，这时企业是在“改进”。做一次“改进”是不够的，从企业的长期发展以及环境保护要求出发，企业需要的是“持续改进”。

思考题

1. 说明国内外环境安全与风险管控的现状。
2. 简要说明国内外环境保护工作的主要发展趋势。
3. 结合你的理解，说明环境保护工作的难点有哪些？如何提高环境保护工作？
4. 试阐述环境监测对于达标排放的重要作用。
5. 环境影响评价的工作原则是什么？如何区分环境影响评价报告书、环境影响评价报告表、环境影响评价登记表？
6. 简要介绍环境质量管理体系。
7. 试比较国内外环境质量管理体系、原则和技术的区别与联系。

主要参考文献

艾萍，陈晓娟，孙欣阳．现代环境污染与控制对策研究[M]．北京：北京工业大学出版社，2023.
陈吉宁．以改善环境质量为核心　全力打好补齐环保短板攻坚战[J]．环境保护，2016（2）：10-24.
董长德，崔志惠．质量、环境、职业健康安全一体化管理体系基础知识[M]．北京：中国计量出版社，2011.
何国强，张哲媛，马新萍．环境保护基础[M]．北京：文化发展出版社，2019.
黄昌硕，耿雷华．中国水资源及水生态安全评价[J]．人民黄河，2010，32（3）：14-16.
金民，倪洁，徐葳．环境监测与环境影响评价技术[M]．长春：吉林科学技术出版社，2022.
汤伟．环境安全：理论争辩与大国路径[M]．上海：上海人民出版社，2020.
王金南，秦昌波．环境质量管理新模式：启程与挑战[J]．中国环境管理，2016（1）：9-14.
张桂芝，王殿明．新时期下化工安全与环境保护的重要性分析[J]．石化技术，2023，30（1）：240-242.

第三章 突发环境事件

第一节　突发环境事件概述

一、突发环境事件的定义

1．环境事件

环境事件是指违反环境保护法律法规的经济、社会活动与行为，以及意外因素的影响或不可抗拒的自然灾害等原因致使环境受到污染，人体健康受到危害，社会经济与人民群众财产受到损失，造成不良社会影响的事件。

2．突发环境事件

突发环境事件是指污染物排放或自然灾害、生产安全事故等因素，导致污染物或放射性物质等有毒有害物质进入大气、水体、土壤等环境介质，突然造成或可能造成环境质量下降，危及公众身体健康和财产安全，或造成生态环境破坏，或造成重大社会影响，需要采取紧急措施予以应对的事件。主要包括大气污染、水体污染、土壤污染等突发性环境污染事件和辐射污染事件。还包括：①安全生产事故次生的突发环境事件，主要是指危险化学品在生产、使用、仓储过程中，因生产设施老化、工人违规操作等人为因素导致的危险化学品泄漏事故。②交通事故次生的突发环境事件，也称为流动源环境污染事故，是指危险化学品在运输过程中，由于翻车（船）、碰撞等导致的危险化学品泄漏事故。按交通工具分为陆路交通污染事故和水运交通污染事故。③自然灾害次生的突发环境事件，是指由于地震、山体滑坡、海啸、山洪暴发等自然灾害，造成危险化学品安全生产事故，进而引发的环境污染事件。

3．环境群殴性事件

环境群殴性事件是指由环境污染引发的、不受既定社会规范约束，具有一定的规模，造成一定的社会影响，干扰社会正常秩序的群体性事件。

当前，生态环境部先后组建了六个区域环保督察局，分别是华东督察局、华南督察局、西北督察局、西南督察局、华北督察局、东北督察局，还成立了一些在核与辐射安全、河流海域等专业领域的环保督察局，以应对可能发生的各类环境事件。

二、突发环境事件的分级标准

按照突发事件严重性和紧急程度，《国家突发环境污染事件应急预案》中将突发环境污染事件分为四级：特别重大突发环境事件是Ⅰ级（用红色表示）、重大突发环境事件是Ⅱ级（用橙色表示）、较大突发环境事件是Ⅲ级（用黄色表示）、一般突发环境事件是Ⅳ级（用蓝色表示）。

（一）特别重大突发环境事件

凡符合下列情形之一的，为特别重大突发环境事件：

1）因环境污染直接导致 30 人以上死亡或 100 人以上中毒或重伤的。

2）因环境污染疏散、转移人员 5 万人以上的。

3）因环境污染造成直接经济损失 1 亿元以上的。

4）因环境污染造成区域生态功能丧失或该区域国家重点保护物种灭绝的。

5）因环境污染造成设区的市级以上城市集中式饮用水水源地取水中断的。

6）Ⅰ类、Ⅱ类放射源丢失、被盗、失控并造成大范围严重辐射污染后果的；放射性同位素和射线装置失控导致 3 人以上急性死亡的；放射性物质泄漏，造成大范围辐射污染后果的。

7）造成重大跨国境影响的境内突发环境事件。

（二）重大突发环境事件

凡符合下列情形之一的，为重大突发环境事件：

1）因环境污染直接导致 10 人以上 30 人以下死亡或 50 人以上 100 人以下中毒或重伤的。

2）因环境污染疏散、转移人员 1 万人以上 5 万人以下的。

3）因环境污染造成直接经济损失 2 000 万元以上 1 亿元以下的。

4）因环境污染造成区域生态功能部分丧失或该区域国家重点保护野生动植物种群大批死亡的。

5）因环境污染造成县级城市集中式饮用水水源地取水中断的。

6）Ⅰ类、Ⅱ类放射源丢失、被盗的；放射性同位素和射线装置失控导致 3 人以下急性死亡或者 10 人以上急性重度放射病、局部器官残疾的；放射性物质泄漏，造成较大范围辐射污染后果的。

7）造成跨省级行政区域影响的突发环境事件。

（三）较大突发环境事件

凡符合下列情形之一的，为较大突发环境事件：

1）因环境污染直接导致 3 人以上 10 人以下死亡或 10 人以上 50 人以下中毒或重伤的。

2）因环境污染疏散、转移人员 5 000 人以上 1 万人以下的。

3）因环境污染造成直接经济损失 500 万元以上 2 000 万元以下的。

4）因环境污染造成国家重点保护的动植物物种受到破坏的。

5）因环境污染造成乡镇集中式饮用水水源地取水中断的。

6）Ⅲ类放射源丢失、被盗的；放射性同位素和射线装置失控导致 10 人以下急性重度放射病、局部器官残疾的；放射性物质泄漏，造成小范围辐射污染后果的。

7）造成跨设区的市级行政区域影响的突发环境事件。

（四）一般突发环境事件

凡符合下列情形之一的，为一般突发环境事件：

1）因环境污染直接导致 3 人以下死亡或 10 人以下中毒或重伤的。

2）因环境污染疏散、转移人员 5 000 人以下的。

3）因环境污染造成直接经济损失 500 万元以下的。

4）因环境污染造成跨县级行政区域纠纷，引起一般性群体影响的。

5）Ⅳ类、Ⅴ类放射源丢失、被盗的；放射性同位素和射线装置失控导致人员受到超过年剂量限值的照射的；放射性物质泄漏，造成厂区内或设施内局部辐射污染后果的；铀矿冶、伴生矿超标排放，造成环境辐射污染后果的。

6）对环境造成一定影响，尚未达到较大突发环境事件级别的。

上述分级标准有关数量的表述中，“以上”含本数，“以下”不含本数。

三、我国突发环境事件现状

据第二次全国污染源普查公报，我国共有各类污染源 358 万个（不含移动源），其中工业源 248 万个；现有各类涉危险化学品企业 21 万余家，涉及 2 800 多个种类；尾矿库近万座；危险化学品年运输量超过 17 亿 t，其中，公路 12 亿 t、水路 4 亿 t、铁路 1.3 亿 t；油气管道总里程超过 13 万 km。

可见，随着我国工业基础能力不断提高，危险化学品产量、使用量以及运输量日益增加，生产安全事故、交通运输事故、企事业单位违法排污和自然灾害频繁次生各类突发环境事件。近年来，各级人民政府对于突发环境事件高度重视，不断完善环境风险防控机制建设工作，逐步形成应急处置提前介入的思维模式，使得突发环境事件的数量得到了有效控制，重特大突发环境事件发生频次显著降低。

生态环境部公布的统计数据显示，2022 年，全国共发生各类突发环境事件 113 起，同比下降 43.2%，重特大事件数量与往年相比基本持平，所有事件均得到妥善处置。但是，因生产安全事故等引发的次生突发环境事件多发频发态势仍未发生根本改变。

总体上，我国环境风险防控面临 3 个方面的挑战：有毒有害化学物质导致的突发性和累积性风险底数不清、防控体系薄弱、生态环境事件应对被动等问题仍然突出；公众的生态环境意识和对环境、安全、健康问题的关注程度呈现爆发式增长，在经济社会转型时期异常敏感，环境风险防控压力日益增大；全球气候变化造成的次生生态环境事件风险凸显。生产安全事故和交通运输事故次生以及企事业单位违法排污是多数突发环境事件发生的直接原因，我国突发环境事件多发频发的态势没有根本改变。因此，仍需完善环境应急管理体系，加强环境应急管理体系能力建设，强化突发环境事件的应急处置能力。

四、需要重点关注突发环境应急事件的企业

根据《企事业单位突发环境事件应急预案备案管理办法（试行）》第三条的规定，以下企业将受该规章的指导与管理，需进行环境应急预案备案，此即需要重点关注的突发环境应急事件的企业：

1）可能发生突发环境事件的污染物排放企业，包括污水、生活垃圾集中处理设施的运营企业。

2）生产、储存、运输、使用危险化学品的企业。

3）产生、收集、贮存、运输、利用、处置危险废物的企业。

4）尾矿库企业，包括湿式堆存工业废渣库、电厂灰渣库企业。

5）其他应当纳入适用范围的企业。

第二节 突发环境事件的预防

一、制定应急预案

1．办理应急预案备案

企业环境应急预案应当在预案签署发布之日起 20 个工作日内，向企业所在地县级生态环境主管部门备案。县级生态环境主管部门应当在备案之日起 5 个工作日内将较大和重大环境风险企业的应急预案备案文件，报送市级生态环境主管部门，重大风险同时报送省级生态环境主管部门。跨县级以上行政区域的企业环境应急预案，应当向沿线或跨区域涉及的县级生态环境主管部门备案。县级生态环境主管部门应当将备案的跨县级以上行政区域企业的环境应急预案备案文件，报送市级生态环境主管部门，跨市级以上行政区域的同时报送省级生态环境主管部门。

2．修订环境应急预案

企业结合环境应急预案实施情况，至少每三年对环境应急预案进行一次回顾性评估。依据原环境保护部发布的《企事业单位突发环境事件应急预案备案管理办法（试行）》第十二条的规定，存在下列情形之一的，环境应急预案应当及时修订：

1）面临的环境风险发生重大变化，需要重新进行环境风险评估的。

2）应急管理组织指挥体系与职责发生重大变化的。

3）环境应急监测预警及报告机制、应对流程和措施、应急保障措施发生重大变化的。

4）重要应急资源发生重大变化的。

5）在突发事件实际应对和应急演练中发现问题，需要对环境应急预案作出重大调整的。

6）其他需要修订的情况。

对环境应急预案进行重大修订的，修订工作参照环境应急预案制定步骤进行。对环境应急预案个别内容进行调整的，修订工作可适当简化。

二、提前作出预防措施

1. 关于水体突发环境事件的预防控制措施

对可能发生水资源领域突发环境事件的企事业单位应采取以下措施管控风险的发生：

1）面临环境风险发生重大变化的需要重新开展突发环境事件风险评估。

2）在经营过程中不断完善突发环境事件风险防控措施。

3）应设置中间事故缓冲设施、事故应急水池或事故存液池等各类应急池。

4）应急池容积应满足环评文件及批复等相关文件要求并根据企业的发展情况对应急池做好相应的扩容。

5）合理设置厂区应急池，是确保所有受污染的雨水、消防水和泄漏物等通过排水系统接入应急池或全部收集。

6）确保厂区内部管线或相关委托单位，将所收集的废（污）水送至污水处理设施处理。

2. 关于大气突发环境事件的预防控制措施

企业应从以下几个方面排查突发大气环境事件风险防控措施：

1）企事业单位和其他生产经营者建设对大气环境有影响的项目，应当依法进行环境影响评价、公开环境影响评价文件；向大气排放污染物的，应当符合大气污染物排放标准，遵守重点大气污染物排放总量控制要求。

2）涉有毒有害大气污染物名录的企业在厂界建设针对有毒有害特征污染物的环境风险预警防护措施。

3）涉有毒有害大气污染物名录的企业定期自行监测或委托监测有毒有害大气特征污染物。

4）建立突发环境事件信息通报机制，能在突发环境事件发生后及时通报可能受到污染危害的单位和居民。

3. 关于土壤突发环境事件的预防控制措施

1）各类涉及土地利用的规划和可能造成土壤污染的建设项目，应当依法进行环境影响评价。环境影响评价文件应当包括对土壤可能造成的不良影响及应当采取的相应预防措施等内容。

2）企事业单位拆除设施、设备或者建筑物、构筑物的，应当采取相应的土壤污染防治措施。土壤污染重点监管单位拆除设施、设备或者建筑物、构筑物的，应当制定包括应急措施在内的土壤污染防治工作方案，报地方人民政府生态环境、工业和信息化主管部门备案并实施。

3）企事业单位禁止向农用地排放重金属或者其他有毒有害物质含量超标的污水、污泥，以及可能造成土壤污染的清淤底泥、尾矿、矿渣等。

三、应急能力建设与应急准备

1. 应急能力的概念

应急能力是对突发事件触发的灾害过程进行干预与抑制的本领。首先，应急能力是应急管理体系的属性与特征，是国家应对突发事件的行为主体、理念、制度安排和资源保障、动员能力和技术水平等各方面情况的综合反映。因此，应急能力不是某个单位的能力，而是不同应急管理参与单位构成的体系具有的能力。其次，应急能力具有明确的指向性，主要针对突发事件触发的灾害过程的应对要求。要求应急管理主体在事前、临灾、事中与事后等不同阶段，分别完成预防与减灾、应急准备、监测与预警、应急响应、恢复重建等多方面的任务。应急能力具有较强的突发事件应对任务的情景依赖性，具体表现为完成这些应对任务的水平与本领。最后，应急能力是应对突发事件的本领，只有与突发事件触发的灾害过程进行对抗的过程中，这种本领才能转化为应急效能，实现减轻灾害后果的最终目标。突发事件具有小概率特征，应急能力是应急管理体系经过长期建设形成的体系特征。

1）定义：指一个单位或个人在遭遇突发事件时，能够快速响应、有效应对的能力。应急处置能力指在一个单位或个人遭遇紧急事件时，能够采取相应措施来控制事态并使其趋于平稳的能力。

2）应急能力包括：预先制定应急预案、紧急疏导人员、组织救援力量、提供必要的应急物资等方面的能力。应急处置能力还包括事故现场安全控制、危险品化学品泄漏堵漏处理、组织救援行动、危机公关等方面的能力。

2. 应急能力建设

1）加强监测预警，建立健全环境风险防范体系。加强地表水跨界断面水质监测、污染源特征污染物监测，重点加强重金属等有毒有害物质的监测和能力建设，及时发现环境污染问题。加强大气环境风险源集中区域的大气环境监测，建立大气环境监测预警网络。开展与应急管理特点相适应的环境应急监测规范研究，加强特殊污染物监测方法的技术储备和标准方法的研究，为环境应急管理提供数据支持。充分发挥卫星遥感、移动监测等新技术的作用，健全全方位的动态立体监测预警体系。

2）根据国家环境保护“十四五”规划和能力建设规划的总体要求与部署，各地政府通过研究制订环境应急管理能力建设的专项规划和实施方案，明确环境应急指挥调度、应急监测、应急处置、应急防护和救援物资储备等规划内容。通过制定《全国环境应急能力建设标准》，建立环境应急能力评估机制，科学指导各地环境应急能力建设。通过建立突发环境事件应急处置资金保障机制和应急处置专项资金，为突发环境事件处置提供资金保障。加强环境应急科学技术的研究和开发，特别是有毒有害物质污染处置技术的研究。按照国家应急平台体系建设的总体要求，加强各类环境基础信息集成共享，建立以地理信息系统为基础，先进实用的环境应急平台体系。建立全国统一、高效、共享的环境应急专家库，提高科学应对和处置突发环境事件的决策水平。

3．应急准备

（1）什么是应急准备

为防止突发环境事件升级或扩大，减少事件造成的损失和影响而做的提前准备和保障。

（2）政府要做什么

1）县级以上地方生态环境主管部门应当根据本级人民政府突发环境事件专项应急预案，制定本部门的应急预案，报本级人民政府和上级生态环境主管部门备案。

2）环境污染可能影响公众健康和环境安全时，县级以上地方生态环境主管部门可以建议本级人民政府依法及时公布环境污染公共监测预警信息，启动应急措施。

3）县级以上地方生态环境主管部门应当建立本行政区域突发环境事件信息收集系统，通过“12369”环保举报热线、新闻媒体等多种途径收集突发环境事件信息，并加强跨区域、跨部门突发环境事件信息交流与合作。

4）应当建立健全环境应急值守制度，确定应急值守负责人和应急联络员并报上级生态环境主管部门。

5）应当定期对从事突发环境事件应急管理工作的人员进行培训。

6）应当设立环境应急专家库。

7）加强环境应急能力标准化建设，配备应急监测仪器设备和装备，提高重点流域区域水、大气突发环境事件预警能力。

8）根据本行政区域的实际情况，建立环境应急物资储备信息库，有条件的地区可以设立环境应急物资储备库。

（3）企事业单位要做什么

1）按照生态环境主管部门的规定，在开展突发环境事件风险评估和应急资源调查的基础上制定突发环境事件应急预案，并按照分类分级管理的原则，报县级以上生态环境主管部门备案。

2）将突发环境事件应急培训纳入单位工作计划，对从业人员定期进行突发环境事件应急知识和技能培训，并建立培训档案，如实记录培训的时间、内容、参加人员等信息。

3）定期开展应急演练，撰写演练评估报告，分析存在的问题，并根据演练情况及时修改完善应急预案。

4）应当储备必要的环境应急装备和物资，并建立完善相关管理制度。

四、风险管控

企事业单位应当按照国务院生态环境主管部门的有关规定开展突发环境事件风险评估，确定环境风险防范和环境安全隐患排查治理措施。按照生态环境主管部门的有关要求和技术规范，完善突发环境事件风险防控措施。企业的突发环境事件风险防控措施，应当包括有效防止泄漏物质、消防水、污染雨水等扩散至外环境的收集、导流、拦截、降污等措施。

企事业单位应当按照有关规定建立健全环境安全隐患排查治理制度，建立隐患排查治理档案，及时发现并消除环境安全隐患。对于发现后能够立即治理的环境安全隐患，企事业单位应当立即采取措施，消除环境安全隐患。对于情况复杂、短期内难以完成治理，可能产生较大环境危害的环境安全隐患，应当制订隐患治理方案，落实整改措施、责任、资金、时限和现场应急预案，及时消除隐患。建立环境风险源评估制度，实现分级分类动态管理。制定《企业环境风险隐患排查治理规定》，督促企业落实环境风险隐患排查和治理的责任。重点加强对涉重金属和“双高”企业的日常监管和后督察，监督、指导企业落实综合防范和处置措施，对隐患突出又未能有效整改的，要依法实行停产整治或予以关闭。

县级以上地方生态环境主管部门应当按照本级人民政府的统一要求，开展本行政区域突发环境事件风险评估工作，分析可能发生的突发环境事件，提高区域环境风险防范能力。

县级以上地方生态环境主管部门应当对企事业单位环境风险防范和环境安全隐患排查治理工作进行抽查或者突击检查，将存在重大环境安全隐患且整治不力的企业信息纳入社会诚信档案，并可以通报行业主管部门、投资主管部门、证券监督管理机构以及有关金融机构。

五、推进环境应急全过程管理

重点加强环境影响评价审批和建设项目竣工环境保护验收工作中的环境风险评价和风险防范措施的落实。继续严格控制和限期淘汰高耗能、高污染、高环境风险产品及生产工艺。在环保规划管理、排污许可证管理、限期治理、区域（行业）限批、上市企业环保核查、环境执法检查、环境监测等各项环境管理制度中，全面落实防范环境风险的责任和要求，构建全防全控的环境应急管理体系。

加强应急值守，完善环境应急接警制度。进一步增强政治敏锐性和责任感，建立健全环境应急值守制度，落实各项责任，严格管理，认真做好人员、车辆、物资、仪器设备等方面的应急准备，确保通信畅通。进一步完善全国“12369”环保举报热线网络，认真办理群众举报、投诉，接到突发环境事件报警后，详细、准确记录有关信息，按有关要求做好信息调度和报告工作。

加强信息报送和信息发布。突发环境事件发生后，各级生态环境部门要在当地政府的统一领导下，按照预案的要求立即采取响应措施，科学处置，最大限度地降低突发环境事件造成的危害和影响。严格执行突发环境事件信息报送制度，畅通信息报送渠道，对迟报、漏报甚至瞒报、谎报行为要依法追究责任。协助政府及时发布准确、权威的环境信息，充分发挥新闻舆论的导向作用，为积极稳妥地处置突发环境事件营造良好的舆论环境。

落实责任追究，加强事件调查、分析、评估和总结。按照“事件原因没有查清不放过，事件责任者没有严肃处理不放过，整改措施没有落实不放过”的原则，认真做好突发环境事件调查和处置。建立突发环境事件典型案例分析制度和处置后评估制度，及时总结事件防范及处置工作的经验教训，积极完善各项管理制度和措施。健全突发环境事件的统计分析和定期报告制度，加强考核和工作指导。

严格执行环境应急管理工作责任制。各级生态环境部门的主要领导是环境应急管理工作的第一责任人，要明确环境应急管理的具体工作部门和责任人，建立严格的责任制。建立突发环境事件预防、处置的考核制度和奖惩制度，对不履行职责引起事态扩大、造成严重后果的责任人依法追究责任，对预防和处置工作开展好的单位和个人予以奖励。对各地预防和处置突发环境应急事件的情况，纳入现有环境保护有关考核、评优活动中。

加强培训和宣传教育。积极开展各种有针对性的环境应急管理培训，宣传贯彻《中华人民共和国突发事件应对法》和《国家突发环境事件应急预案》。开展环境应急管理人员队伍培训，提高环境应急管理人员科学决策水平、环境应急综合应对能力和自我防护能力；开展环境应急师资队伍培训，为环境应急管理培养师资力量。积极开展环境应急管理国际交流与合作。联合企业采用多种形式进行宣传教育，加强环境应急知识普及和教育，提高人民群众环境安全意识和自救互救能力。

第三节　突发环境事件的应急处置程序

企事业单位造成或者可能造成突发环境事件时，应当立即启动突发环境事件应急预案，采取切断或者控制污染源以及其他防止危害扩大的必要措施，及时通报可能受到危害的单位和居民，并向事发地县级以上生态环境主管部门报告，接受调查处理。应急处置期间，企事业单位应当服从统一指挥，全面、准确地提供本单位与应急处置相关的技术资料，协助维护应急现场秩序，保护与突发环境事件相关的各项证据。

获知突发环境事件信息后，事件发生地县级以上地方生态环境主管部门应当按照《突发环境事件信息报告办法》规定的时限、程序和要求，向同级人民政府和上级生态环境主管部门报告。

突发环境事件已经或者可能涉及相邻行政区域的，事件发生地生态环境主管部门应当及时通报相邻区域同级生态环境主管部门，并向本级人民政府提出向相邻区域人民政府通报的建议。

获知突发环境事件信息后，县级以上地方生态环境主管部门应当立即组织排查污染源，初步查明事件发生的时间、地点、原因、污染物质及数量、周边环境敏感区等情况。

获知突发环境事件信息后，县级以上地方生态环境主管部门应当按照《突发环境事件应急监测技术规范》开展应急监测，及时向本级人民政府和上级生态环境主管部门报告监测结果。

应急处置期间，事发地县级以上地方生态环境主管部门应当组织开展事件信息的分析、评估，提出应急处置方案和建议报本级人民政府。

突发环境事件的威胁和危害得到控制或者消除后，事发地县级以上地方生态环境主管部门应当根据本级人民政府的统一部署，停止应急处置措施。

突发环境事件一般处置流程主要分为接报与上报、确定应急响应等级、应急处置、事后恢复、应急终止与总结、信息公开等环节。其中接报与上报及应急处置是处置流程的重点部分。

一、事件的接报与上报

1. 事件接报

突发环境事件信息来源通常是通过政府服务热线或环境投诉举报热线获取；间或有相关委办局通报与报告。接报人员在接到事件信息时，需记录信息要点，包括但不限于接报时间、报告单位、报警人姓名及联系方式，以及事件的基本情况。接报人要将情况进行上报，并主动核实事件基本要素，包括事件发生时间、地点、原因、基本过程、主要污染物种类和数量、周边环境敏感点分布及受影响情况、环境应急监测情况、处置情况、人员受害及疏散情况、信息报告和通报情况等。

2. 事件的上报

接报人在接收到突发环境事件信息后，要及时向上级领导进行报告与请示，同时通报环境应急工作组，并向属地人民政府通报有关情况。

突发环境事件报告通常分为事件初报、续报和终报。事件初报可先采取口头报告的形式，并在后续工作中将事件纸质报告补充完整。随着事件的发展，要在关键节点或按照相关文件要求进行续报，为事件决策提供依据。事件处置完毕后，要及时进行通报。环境应急工作组接报后，应根据事件信息携带个人防护和监测设备，立即赶赴事发现场。环境应急指挥员通常会根据实际情况判断需采取的防护级别，如不能确定，则选择二级以上防护级别。

二、确定应急响应等级

根据突发环境事件的严重程度和发展态势，将应急响应设定为Ⅰ级、Ⅱ级、Ⅲ级和Ⅳ级四个等级。初判发生特别重大、重大突发环境事件，分别启动Ⅰ级、Ⅱ级应急响应；初判发生较大突发环境事件，启动Ⅲ级应急响应；初判发生一般突发环境事件，启动Ⅳ级应急响应。

突发环境事件发生在易造成重大影响的地区或重要时段时，可适当提高响应级别。应急响应启动后，可视事件损失情况及其发展趋势调整响应级别，避免响应不足或响应过度。

三、应急处置

1．出动与报到

环境应急工作组在出动前要对准备携带的个人防护装备、应急监测设备、应急车辆等进行核查，确保正常作业。到达现场后，环境应急指挥员要第一时间向现场指挥部报到，并了解现场情况。现场应急指挥部通常由不同职责政府职能部门组成，包括但不限于公安部门、交通管理部门、医疗卫生部门、生态环境部门等。如果是企业自行开展的先期处置工作，应由企业自行建立现场指挥部，指挥部应由健康管理部门、环境管理部门等部门组成。

2．现场调查

现场调查可分为现场问询与实地勘查。现场问询主要是指对指挥部前期到达人员或企业单位人员进行问询，快速了解事故原因和主要情况、污染物种类和数量、已造成的污染范围、已采取的应急救援和污染防控措施等。实地勘察主要内容包括污染源切断情况、环境敏感目标实际位置及受影响情况、应急监测开展情况、现场可用物资储备、工程措施选址与实施情况、处置措施效果等。如果事故现场存在不明物质，则需要由相关部门应急工作人员先进行爆炸性排除、生物病毒排除、辐射物质排除，再进行正常环境应急处置工作。

3．环境应急监测

环境应急监测组在了解事件基本情况及周边环境的条件下，研究制订应急监测方案，明确应急监测任务。监测方案需基本包括监测对象的种类、携带应急设备的种类和数量、个人防护的方式、进入现场的方向、监测布点方位和取样的要求等相关内容。应急监测要遵循快速、有效的原则，以有足够代表性的监测信息为突发环境事件的后续处置工作提供依据。

（1）应急监测项目的选择

在事件处置初期，应急监测主要是为了确定污染物种类和污染物影响范围。可优先选择事件中排放量较大或对环境有较大影响的物质，并结合对照点位情况确定准确的特征污染物。随着事态的发展，可随时增减监测项目。

（2）应急监测设备的选择

应急现场监测设备应选择易于携带，可直接出数，能够快速定性、定量或定性、半定量，不需要对样品进行前处理或前处理较为容易的设备。

（3）报告与分析

环境应急监测组应对事件进行研判，包括污染情况叙述、事态发展趋势及评估污染控制效果。事态发展趋势的判断可借助信息化模型，根据现阶段污染物浓度水平、大气扩散条件、水流速度等建立模型，并进行预测。

4．提出处置建议

在现场调查和环境应急监测的基础上，由专家组对现场态势进行研判，提出处置建议、评估处置效果。处置建议中包括但不限于污染物可能的影响范围与程度、重点关注目标、需采用的工程措施、污染物去除工艺等内容。

5．现场处置及舆论引导

现场处置工作主要由专业处置小组人员完成，包括工程构建、化学药物投放等工作。环境应急监测组和专家组需随时跟进现场处置效果。目前在实际工作当中，针对流域突发水环境事件，可实践“南阳经验”，用空间换时间。即在流域区间设立固定应急池、橡胶坝等工程构筑物，当发生流域污染时，可采取抬起橡胶坝等措施控制上游来水量，减缓污染团移动速度；可提前预测污染团到达时间，将污染团引流至预先设置的应急池中，再进行投药沉降去污等措施。

在现场处置过程中，要关注社会舆论信息，对媒体、公众提出的疑问和质疑，要及时公布情况，主动回应，同时配合现场指挥部及属地人民政府进行事件说明或召开新闻发布会。

四、事后恢复

应急处置工作结束后，县级以上地方生态环境主管部门应当及时总结、评估应急处置工作情况，提出改进措施，并向上级生态环境主管部门报告。

县级以上地方生态环境主管部门应当在本级人民政府的统一部署下，组织开展突发环境事件环境影响和损失等评估工作，并依法向有关人民政府报告。

县级以上生态环境主管部门应当按照有关规定开展事件调查，查清突发环境事件原因，确认事件性质，认定事件责任，提出整改措施和处理意见。

县级以上地方生态环境主管部门应当在本级人民政府的统一领导下，参与制订环境恢复工作方案，推动环境恢复工作。

五、应急终止与总结

1．应急终止

环境应急指挥员在确定环境污染程度降至安全浓度以下时，立即报告，为现场指挥部终止应急提供参考。

应急终止后，环境应急指挥员要组织相关人员进行应急总结，查找不足，为更好地处置突发环境事件打牢基础。

2．事件调查与损害评估及总结归档

根据生态环境部发布的《突发环境事件调查处理办法》及生态环境损害鉴定评估技术指南系列文件，对突发环境事件进行全过程调查与评估，并依法追究责任及经济补偿。

突发环境事件处置过程中产生的所有文件、声影资料全部需要留存，并进行归档，为事件复盘提供依据。

六、信息公开

企事业单位应当按照有关规定，采取便于公众知晓和查询的方式公开本单位环境风险防范工作开展情况、突发环境事件应急预案及演练情况、突发环境事件发生及处置情况，以及落实整改要求情况等环境信息。

突发环境事件发生后，县级以上地方生态环境主管部门应当认真研判事件影响和等级，及时向本级人民政府提出信息发布建议。履行统一领导职责或者组织处置突发事件的人民政府，应当按照有关规定统一、准确、及时发布有关突发事件事态发展和应急处置工作的信息。

县级以上生态环境主管部门应当在职责范围内向社会公开有关突发环境事件应急管理的规定和要求，以及突发环境事件应急预案及演练情况等环境信息。县级以上地方生态环境主管部门应当对本行政区域内突发环境事件进行汇总分析，定期向社会公开突发环境事件的数量、级别，以及事件发生的时间、地点、应急处置概况等信息。

七、不同人群面对突发环境事件的工作划分

1．事发地政府的工作

1）通知相关部门履行法律责任的统一监管。

2）向本级人民政府和上级生态环境部门报告。

3）开展环境应急监测工作。

4）向毗邻地区政府、生态环境部门通报。

5）适时向社会发布突发环境事件信息。

6）做好应急处置各项工作。

7）对突发环境事件进行调查处置工作。

8）协调处理污染损害赔偿纠纷。

2．事故企业的工作

1）必须立即采取清除或减轻污染危害措施。

2）向当地生态环境部门和有关部门报告事故发生情况。

3）及时向可能受到污染的单位和居民进行通报。

4）为事故应急救援提供技术指导和必要协助。

5）协助维护应急现场秩序，保护与突发环境事件相关的各项证据。

6）接受有关部门调查处理，承担相应赔偿。

3．社会公众的工作

1）在排除现场没有爆炸气体、使用手机或电话没有危险的情况下，立即拨打12369、12345、110、119或当地政府、生态环境部门应急电话，说明事发详细地点、区域和污染现象、联系人电话。

2）不要现场围观，突发环境事件应对期间服从政府的各项指令和安排。

3）相信政府权威信息，不信谣不传谣。

4）互帮互助互爱，奉献个人力量共同应对突发环境事件。

思考题

1. 简要说明突发环境事件的定义。

2. 如何看待我国突发环境事件的分级标准。

3. 简要介绍突发环境事件的预防工作。假设你是一个企业的负责人，你应该从哪几个方面加强突发环境事件的预防工作。

4. 突发环境事件的应急处置工作一般包括哪些内容？

5. 如何准确地确定企业突发环境事件的应急响应等级？

6. 事后恢复工作的核心内容是什么？

7. 信息公开的工作重点是什么？

主要参考文献

陈思莉，虢清伟．突发环境事件应急知识问答[M]．北京：中国环境出版集团，2022.

虢清伟，邴永鑫，陈思莉．我国突发环境事件演变态势、应对经验及防控建议[J]．环境工程学报，2021，15（7）：2223-2232.

李书玉，王海宁．我国应急物资储备及体系建设研究[J]．中国商论，2023（17）：112-116.

王瑜．耦合型突发环境事件协同治理：理论构建、现实困境、路径探索[J]．领导科学，2020，（6）：70-73.

叶脉，解光武，张佳琳，等．突发环境事件应急响应实用技术[M]．北京：中国环境出版集团，2021.

张英菊，刘娟，张大伟．生态文明视角下突发环境事件应急管理问题研究[M]．成都：西南交通大学出版社，2023.

朱文英，曹国志，王鲲鹏．我国环境应急管理制度体系发展建议[J]．环境保护科学，2019，45（1）：5-8.

第四章

环境应急管理体系

第一节 环境应急管理体系

一、环境应急

环境应急是针对可能或已发生的突发环境事件，需要立即采取某些超出正常工作程序的行动，以避免事件发生或减轻事件后果的状态，也称紧急状态；同时它也泛指立即采取超出正常工作程序的行动。

二、环境应急管理

环境应急管理是指政府及相关部门为防范和应对突发环境事件而进行的一系列有组织、有计划的管理活动；它是政府应急管理的重要组成部分，包括针对突发环境事件的预防、预警、处置和恢复等动态过程。其主要任务是最大限度减少突发环境事件发生和降低突发环境事件造成的破坏，从根本上保障生态环境安全和人民群众生命财产安全。

三、环境应急管理体系

1．应急管理体系定义

应急管理体系是指为保障公共安全，有效预防和应对突发事件，避免、减少和减缓突发事件造成的危害，消除其对社会产生的负面影响而建立起来的，以政府为核心，其他社会组织和公众共同参与的有机体系（图 4-1）。

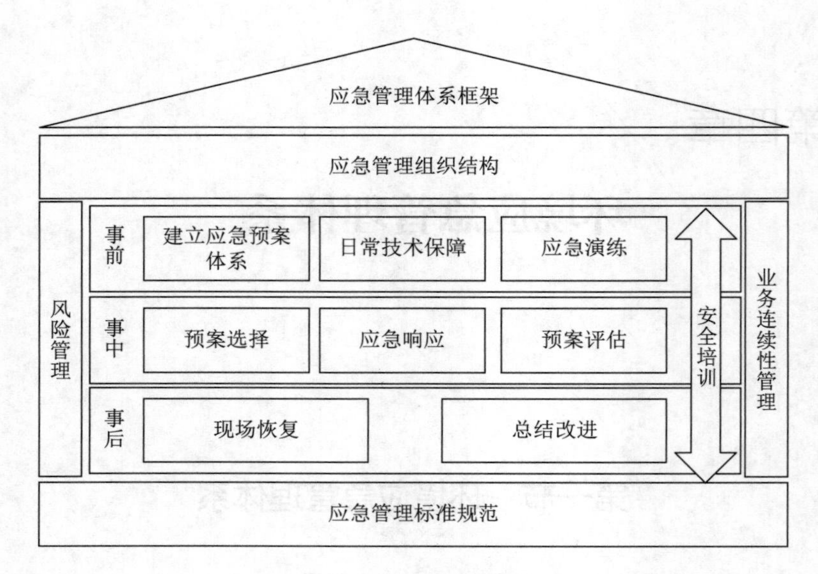

图 4-1 应急管理体系

2. 应急管理体系构成

（1）机构设置

建立健全的机构设置可以使政府各部门发展均衡，增强个别应急职能机构的自身功能，减少机构建设条块分割，降低对政府本身的依赖。

（2）应急法制建设

需要建立起独立的、综合性的应急管理法规标准体系，制定应对各种突发事件或者紧急突发事件的配套法规。

（3）技术支撑

应急管理的技术支撑体系是应急管理者作出决策的依据来源，同时也是能够顺利实现应急响应联动的保障。根据应急管理所需发挥的职能，应急管理的技术支撑体系主要包括以下几个方面：信息化的应急联动响应系统、应急过程中的事态检测系统、事故后果预测与模拟系统以及应急响应专家系统。

（4）应急预案体系

应急预案是针对各种突发事件类型而事先制订的一套能迅速、有效、有序解决问题的行动计划或方案，旨在使得政府应急管理更为程序化、制度化，做到有法可依、有据可查。它是在辨识和评估潜在的重大危险、事故类型、发生的可能性、发生过程、事故后果及影响严重程度的基础上，对应急管理机构与职责、人员、技术、装备、设施（备）、物资、救援行动及其指挥与协调等方面预先作出的具体安排。

（5）评估体系

突发事件应对工作实行预防与应急相结合的原则。国家建立重大突发事件风险评估体系，对可能发生的突发事件进行综合性评估，采取有效措施，减少重大突发事件的发生，最大限度地减轻重大突发事件的影响。

（6）运行程序

国家应急管理机构应设立应急指挥中心。各个应急指挥中心都应设有固定的办公场所，为应急工作所涉及的各个部门和单位常设固定的岗位，配备相应的办公、通信设施。一旦发生突发事件或进入紧急状态，各有关方面代表迅速集中到应急指挥中心，进入各自的代表席位，进入工作状态。应急指挥中心根据应急工作的需要，实行集中统一指挥协调，联合办公，以确保应急工作反应敏捷、运行高效。

（7）资金保障

各级财政部门应该设立一定额度的应急准备金，专门用于突发事件的应急支出。同时，我国政府部门还应设立日常应急管理费用，专门处理突发事件应急管理机制的日常保障运行，并且为建立网络信息维护系统、应急预案等提供经费保障。同时，各级财政部门在一段时间内应该对突发事件财政应急保障资金使用情况进行定期审核。

3．环境应急管理体系的定义及其建设

环境应急管理体系是指为保障公共环境安全，有效预防和应对突发环境事件，避免、减少和减缓突发环境事件造成的危害，消除其对社会产生的负面影响而建立起来的，以政府为核心，其他社会组织和公众共同参与的有机体系。其由 4 部分组成，即组织机构、应急机制、应急预案与应急法制，具体见图 4-2。其中组织机构是环境应急管理体系的基础，是一切环境应急管理行为的活动主体，是建立环境应急响应机制和应急预案的依托和载体。科学健全的环境应急管理组织机构有助于提高环境应急管理的科学性和规范性，对于预防和应对各种突发性环境污染事件、减少事件造成的损失和体现各级政府的服务职能都具有重要意义。

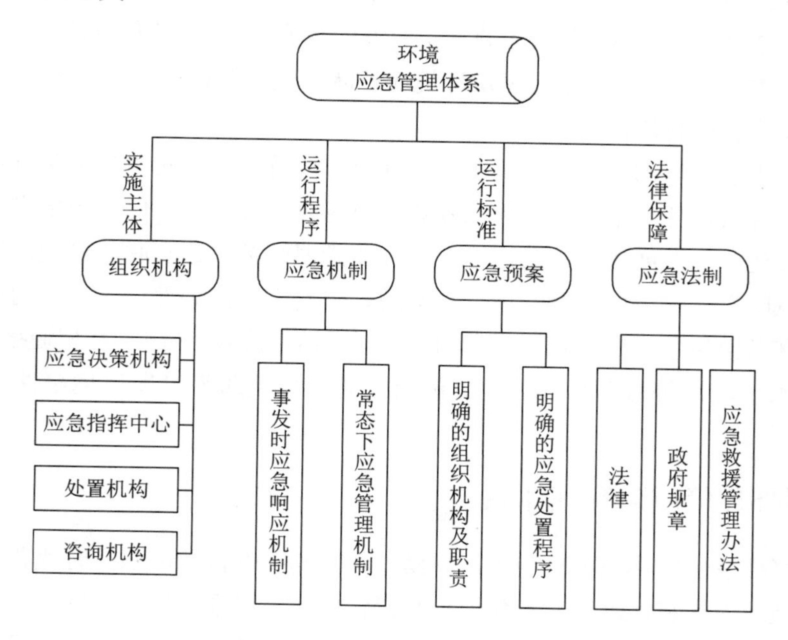

图 4-2　环境应急管理体系

（1）环境应急法制建设

抓紧制定环境应急管理办法，明确生态环境部门、政府相关部门、企业以及社会公众在环境应急过程中的职责定位，理顺综合监管与专业监管、不同层级监管之间的关系，建立环境应急管理的基本制度。同时修订《环境保护行政主管部门突发环境事件信息报告办法（试行）》，制定突发环境事件应急预案管理办法等规章制度，进一步完善相关制度和程序，促进环境应急管理工作走上法制化、规范化的轨道。并加快建立环境污染责任保险制度，建立健全污染损害评估和鉴定机制。

（2）环境应急预案体系建设

修订《国家突发环境事件应急预案》，各地要结合自身实际尽快修订和完善有关应急预案。同时加强与行业管理部门合作，制定分行业和分类的环境应急预案编制指南，指导企业找准环境风险环节，完善企业环境应急预案。此外实行预案动态管理，建立企业、部门预案报备制度，规范预案编制、修订和执行工作，提高预案的针对性、实用性和可操作性。并针对区域的地理环境、企业污染类型等实际情况，定期组织开展多种形式的预案演练，促进相关单位部门之间的协调。还应该加强预案制定和演练过程中的公众参与。

（3）环境应急组织机构建设

按照国家统一领导、综合协调、分类管理、分级负责、属地管理为主的应急管理体制总体要求，理顺环境应急管理体制。制定《全国环境保护部门环境应急管理工作规范》，明确各级生态环境部门及其内部各部门日常环境应急管理职责，以及在突发环境事件应对工作中的职责。重点加强省（自治区、直辖市）、省辖市和重点县（市、区）环境应急管理能力和人员力量，切实解决环境应急管理力量不足等问题。各省级生态环境部门要按照《国务院办公厅关于加强基层应急队伍建设的意见》，认真研究制定本辖区基层环境应急队伍建设的具体措施，加强对基层环境应急队伍建设的指导。

（4）环境应急机制建设

大力推动生态环境部门与公安消防部门等综合性及专业性应急救援队伍建立长效联动机制；积极探索依托大中型企业建立专业环境应急救援队伍，促进环境应急救援工作专业化和社会化。与发展改革、工商管理、行业管理等部门建立联动机制，加强“高污染、高环境风险”行业环境安全管理；与交通、公安、安监等部门建立联动机制，加强危险化学品和危险废物运输中的环境管理；与水利部门协调沟通，互相通报重点流域、集中式饮用水水源地等有关信息。建立健全预防和处置跨界突发环境事件的长效联动机制。

四、国外环境应急管理体系

在突发事件发生的种类不断增多，规模、频率和影响持续增强的时代背景下，各国政府应急管理的内涵和外延也在不断地更新变化。应急管理的框架、模式，从空间维度上看，是一个充分整合各种管理要素和资源的一体化应急管理体系；从时间维度上看，是一个由预防、响应、处置和恢复组成的综合性应急管理过程。

从许多国家应急管理的经验来看，一个成熟的应急管理组织结构体系应具备四大系统：法律与行政规范系统、决策指挥中枢系统、执行与支援保障系统、信息管理系统。应急管理这种内在组织结构体系的四大系统并非单纯的线性逻辑或平面关联，而是一个具有密切的关联性和互补性的四位一体的架构体系。

1．美国

美国发生“9·11”事件后，于 2002 年 11 月成立国土安全部，负责危机管理和应急处置，囊括了包括联邦紧急事务管理局在内的多个机构，主要有边防、海关、海岸警卫队、移民局、秘密警察局、联邦紧急事务管理局、交通安全局等，下辖人员约 169 万人，成为继国防部后的第二大内阁级部门，年度预算达 374 亿美元。国土安全部主要履行 3 项使命：预防美国境内的恐怖攻击；降低美国应对恐怖主义的脆弱性，减少潜在攻击和自然灾害的损失。

美国应急管理体制建设的基本经验：一是依法进行危机应对。美国危机管理各种机构和计划都是依法建立起来的，其权力来自于现行法律，而不是某个行政机构，一旦危机事件出现，相应的危机管理系统可以立即自行启动，无须哪一级行政部门专门赋予相应的权力。同时，每种危机管理的最终管理权仍然是总统，当某种危机事件超出一定的专业领域地理范围，或者行政权限范围时，总统可以直接介入危机事件的管理。二是各种危机应对机构职责分明，并且能够相互救援。美国把各种危机事件按照专业领域划分为相应的反应系统，各个系统由相应的专家和专业人员组成，且职责分明，各个部门之间能够相互协调，不存在危机管理真空。

2．日本

1998 年，日本政府在首相官邸设立国家危机管理中心，首相是国家危机管理的最高指挥官。危机管理中心成为日本国家危机管理中枢，设有对策本部会议室、办公室、指挥室及全天候的情报集约中心等，可以使日本应对危机和自然灾害等紧急事态。把防灾减灾工作上升到国家危机层次，建立确保国家安全和国民生活安定的日常管理、危机管理、大规模灾害管理等一系列政府危机管理体制，是日本政府从简单防灾管理转向综合性国家危机管理的重要标志。

日本应急管理体制建设的基本经验：一是中枢指挥系统强权集中。在日本的危机管理体制中，内阁首相任最高指挥官，内阁官方负责总体指挥，通过安全保障会议和中央防灾会议组成危机管理体制。首相的权力极大，在紧急事态下，可以跳过内阁安全会议直接下令出动自卫队、限制国民权利、确定私有财产的补偿办法等。日本从中央到地方，以首相为核心的强权指挥系统在应对国家安全、天灾、人祸等突发事件中发挥了积极有效的作用。二是情报系统严格有效。通过整合情报部门，强化了情报系统的综合分析能力，培养了高素质的情报人员，同时理顺了内部关系，提高了工作效率。

3．欧盟

风险防范是欧盟国家立法、执法等环境保护活动中重要的原则之一，同时，环境风险评估被视为风险防范原则能否适用的选择依据之一。欧盟国家相关立法主要起源于职业污染防范和职业健康保护等领域，然后逐渐过渡到环境污染风险防范。1992 年颁布的《马斯特里赫特条约》（简称“马约”）将风险防范上升到欧盟宪法性原则，2000 年欧盟通过了《关于环境风险防范原则的公报》，为环境风险防范特别是环境风险评价制定了明确有效的指南。

欧盟的环境风险管理与安全管理联系较为紧密，特别关注化学品与工业污染事故防控。通过化学物质的控制立法，出台了一系列的条例、指令和决定，以预防原则开展危险化学品管理。2007 年欧盟实施的《化学物质注册、评估、授权和限制条例》被认为是欧盟 20 年来最重要的立法，对化学物质生产者、使用者的有关义务与行为进行了规定；对于工业活动风险管理，通过风险识别与评估实现对工业活动引发的环境污染事故风险防控，明确环境风险管理对象，进而通过分类分级管理，突出环境风险管理的针对性与高效性，出台系列的赛维索指令和相关准则以及《工业活动的重大事故指南》，旨在降低工业事故爆发和事故对环境的影响。

欧美等国家的环境风险管理体系是针对发展过程中出现的实际问题逐渐建立起来的。这些国家都十分重视环境风险防范，并将风险防范原则上升到战略高度。相关法律法规体系比较完善，为环境风险管理提供了强有力的保障。各有关管理部门职责清晰，特别是生态环境主管部门具有较强的权力和执行力。同时，十分注重基础研究，有关环境健康和生态保护的基础科研成果在环境风险管理中得到了广泛而有效的应用。

第二节　环境应急“一案三制”

一、“一案三制”的含义

“一案”是指应急预案，就是根据发生和可能发生的突发环境事件，事先研究制订应对计划和方案。环境应急预案包括各级政府总体预案、专项预案和部门预案，以及基层单位的预案和大型活动的单项预案。

“三制”是指环境应急工作的体制、机制和法制。

一要建立健全和完善应急管理体制。主要是建立健全集中统一、坚强有力的组织指挥机构，发挥我们国家的政治优势和组织优势，形成强大的社会动员体系。建立健全以事发地党委、政府为主，有关部门和相关地区协调配合的领导责任制，建立健全应急处置的专业队伍、专家队伍。必须充分发挥人民解放军、武警和预备役民兵的重要作用。

二要建立健全和完善应急运行机制。主要是建立健全监测预警机制、信息报告机制、应急决策和协调机制、分级责任和响应机制、公众的沟通与动员机制、资源的配置与征用机制、奖惩机制和城乡社区管理机制等。

三要建立健全和完善应急法制。主要是加强应急管理的法制化建设，把整个应急管理工作纳入法治和制度的轨道，按照有关法律法规来建立健全应急管理工作，依法行政，依法实施应急处置工作，要把法治精神贯穿于应急管理工作的全过程。

二、“一案三制”的关系

“一案三制”是一个密不可分的有机整体，共同构成了应急管理体系的基本框架。“一案三制”具有一定的优先次序。在“一案三制”四个核心要素中，体制具有先决性和基础性；在解决好应急管理体制问题的基础上完善应急管理工作流程，制定相关工作制度，推动应急管理工作循序渐进地稳步向前发展。

应急管理体制也可称为行政应急管理体制，通常是指应急管理机构的组织形式，也就是综合性应急管理机构、各专项应急管理机构以及各部门的应急管理机构的法律地位、相互间的权力分配关系及组织形式等。

应急管理机制可以理解为突发事件预防与应急准备、监测与预警、应急处置与救援及善后恢复等全过程中各种制度化、程序化的应急管理方法与措施。应急管理机制以应急管理全过程为主线，涵盖事前、事发、事中和事后各个时间段，包括预防与应急准备、监测与预警、应急处置与救援、善后恢复等多个环节。应急管理机制建设的目的在于实现从突发事件预防、处置到善后的全过程标准化流程管理。

结合应急管理工作流程，可将应急管理机制分为以下 9 个部分：

1）预案与应急准备机制。

2）监测与预警机制。

3）信息报告和通报机制。

4）应急指挥协调机制。

5）信息发布和舆论引导机制。

6）应急资源整合机制。

7）善后恢复机制。

8）心理干预机制。

9）调查评估和学习机制。

三、“一案三制”的组成

（一）应急预案

针对我国境内突发环境事件的应对工作，2014 年 12 月 29 日，国务院办公厅印发了修订后的《国家突发环境事件应急预案》。除此之外，核设施及有关核活动发生的核事故所造成的辐射污染事件按照 2013 年 6 月 30 日修订的《国家核应急预案》执行；海上溢油事件按照 2015 年 4 月 3 日印发的《国家海洋局海洋石油勘探开发溢油应急预案》执行；船舶污染事件按照 2015 年 5 月 12 日修订的《中华人民共和国船舶污染海洋环境应急防备和应急处置管理规定》执行；重污染天气应对工作按照国务院《大气污染防治行动计划》执行。

《国家突发环境事件应急预案》确立了中枢指挥系统、事件分级响应，确保了公众知情权，强调了提高公众的灾害自救能力。其对应对突发环境事件的组织体系、运行机制、应急保障、监督管理等方面进行了详细部署，为国家处理突发环境事件提供了系统的指导和依据。以《国家突发环境事件应急预案》为例，除上述适用范围之外，还包括突发环境事件组织指挥体系、监测预警和信息报告、应急响应、后期工作、应急保障几个方面。

（二）应急法制

1．法律法规

《中华人民共和国宪法》《中华人民共和国突发事件应对法》《中华人民共和国环境保护法》《中华人民共和国水污染防治法》《中华人民共和国固体废物污染环境防治法》《中华人民共和国大气污染防治法》等法律的法条中集中体现了针对突发环境事件的法律法规。

《中华人民共和国宪法》第二十六条规定了"国家保护和改善生活环境和生态环境，防治污染和其他公害"的责任。第六十七条规定："全国人民代表大会常务委员会行使下列职权：决定全国或者个别省、自治区、直辖市进入紧急状态"；第八十九条规定国务院的职责之一是，依照法律规定决定省、自治区、直辖市的范围内部分地区进入紧急状态。宪法明确了国家作为突发环境事件管理的主体，为突发环境事件紧急状态的决定、宣布提供了法律依据。

《中华人民共和国突发事件应对法》在赋予政府多项应急权力、约束政府履行职责、最大限度保护公民权利、信息及时报送与公开、处罚虚假宣传等方面作出了规定。作为一门专门为突发事件应对而设立的法律，具有较高的法律位阶，而突发环境事件也适用该法。

各环境保护专门法规中，如《中华人民共和国环境保护法》第四十七条、《中华人民共和国大气污染防治法》第九十四条、《中华人民共和国水污染防治法》第六十六条以及《中华人民共和国固体废物污染环境防治法》第六十三条，集中规定了应对各类突发环境事件中政府以及企事业单位的责任以及基本应对流程。

2．行政规章

行政规章相对于法律更加灵活，也更有前瞻性。部分政策在得以进行良好实践后往往能法律化为正式法律。

适用于突发环境事件的政策与行政规章主要有《"十三五"生态环境保护规划》《环境保护部关于加强环境应急管理工作的意见》《国家突发环境事件应急预案》《突发环境事件应急管理办法》等。

我国《"十三五"生态环境保护规划》第六章第一节特别提出了对应急管理体系、应急协调机制、应急救援体系与机制的建立，以及对现场指挥协调与调度、信息报告与公开机制的完善的要求，并强调加强相关调查与评估制度建设。

《突发环境事件应急管理办法》从全过程角度系统规范突发环境事件应急管理工作，主要强调了应急管理工作开展模式以及管理基本制度，明确了突发环境事件应急管理优先保障顺序，依据部门规章的权限新设了部分罚则。

一些行政主管部门为防止突发环境事件的发生，还根据需要，对某些特定行业制定规范，发送通知等，如原国家安全生产监督管理总局发布的《危险化学品安全使用许可证实施办法》《危险化学品经营许可证管理办法》《危险化学品建设项目安全监督管理办法》《危险化学品输送管道安全管理规定》《危险化学品重大危险源监督管理暂行规定》《危险化学品生产企业安全生产许可证实施办法》，原环境保护部发布的《关于开展环境安全大检查的紧急通知》《关于进一步加强环境影响评价管理防范环境风险的通知》《关于检查化工石化等新建项目环境风险的通知》，原国家环境保护总局与安监总局共同发布的《关于督促化工企业切实做好几项安全环保重点工作的紧急通知》等。

3. 标准规范

突发环境事件处理中涉及的标准规范包括国家标准、地方标准及行业标准三个级别标准。其类型分为环境质量标准、污染物排放标准、环境监测方法标准、环境标准样品标准和环境基础标准等类型。

企事业单位在进行设计、生产运行活动以及有关部门在进行监管、应急处置过程中，必须严格执行相关标准规范。如设计过程中需要遵守《石油化工企业设计防火规范》（GB 50160—2008）、《化工建设项目环境保护工程设计标准》（GB/T 50483—2019）、《工业企业设计卫生标准》（GBZ 1—2010），相关行业应按照污染物排放标准如《大气污染物综合排放标准》（GB 16297—1996）、《污水综合排放标准》（GB 8978—1996）进行“三废”处理系统设计。

生产运营企业应按照相关标准如《危险化学品仓库储存通则》（GB 15603—2022）做好管理工作，依据各类污染物排放标准做好污染物排放管理，并按照相关指南如《石油化工企业环境应急预案编制指南》《尾矿库环境应急管理工作指南（试行）》做好应急预案编制工作。

生态环境监测部门应根据环境监测标准，如《固定污染源排气中颗粒物测定与气态污染物采样方法》（GB/T 16157—1996）做好日常环境监测；根据《突发环境事件应急监测技术规范》（HJ 589—2010）做好突发环境事件后环境监测工作；并依照《环境空气质量标准》（GB 3095—2012）、《地表水环境质量标准》（GB 3838—2002）等标准界定应急是否可以终止。

（三）应急体制与机制

应急体制是应对突发环境事件的主要载体，使得在应对突发环境事故有了组织保障。我国目前应急体制以中央政府领导，相关部门与地方政府各负其责，并发动社会组织与人民群众广泛参与。应急办事机构既有常设机构，又有非常设机构，层级涵盖了从中央到地方各个阶层。当突发环境事件发生时，还能成立现场应急指挥部。

当前，我国不断健全应急管理体制。按照进一步完善机构、明确职责、有效履行应急值守及信息汇总职能，并充分发挥综合协调、运转枢纽作用。理顺了政府应急管理机构与各专项应急指挥机构的关系，明确了权责。部门、地方、条块之间以及预防与处置之间紧密衔接；当突发环境事件需多方协同处置时，人员、信息、资源等得以快速集成。在专业应急力量构建方面，既有负责日常管理的从中央到地方的各级行政人员和专司救援队伍，又配备了高校和科研单位的环境应急管理专家，同时进一步加强与实战贴近的专业培训演练，以形成快速反应能力与协同能力，并不断加强应急救援志愿者等社会组织建设。

在应急机制方面，经过几年的努力，我国初步建立了应急监测预警机制、信息沟通机制、社会动员机制、应急资源配置与征用机制、奖惩机制、社会治安综合治理机制、宣传教育与公共参与机制。当突发环境事件发生时，通过对应急物资的统筹管理，紧急采购、征收、征用和运送，加强应急物资保障。在此过程中，进一步完善储存设施配置与布局，丰富储存方式，健全物资品种，定期实现物资的更新替换。在征收征用过程中建立补偿制度。在应急监测方面，不断强化对事故危险点的应急监测布点工作，加大布点密度，丰富监测手段。不断加强综合预警以及科学决策能力。在宣传教育与社会参与方面，不断加强公众对突发环境污染事件的应急知识科普教育，加强危机发生时公众自救、互救能力，与此同时在灾害发生时通过媒体有效传播信息，引导舆论导向，稳定人心。

我国在培育应急管理机制时，重视应急管理工作平台建设。国务院统一建立应急平台，应急平台包括国务院应急平台、省级应急平台及职能部门应急平台。通过开展体系性建设与整合，加大监测监控预警技术的应用，加强公共基础安全数据的汇集管理，加强灾害事故的风险预测，从而实现国家统一指挥、功能齐全、先进可靠、反应灵敏、实用高效的公共安全应急体系技术平台，为构建一体化、准确、快速应急决策指挥和工作系统提供支撑和保障。

第三节　环境应急管理机构

一、环境应急管理机构

（一）我国环境应急管理机构

1. 我国政府层面的环境应急管理机构

随着经济的快速发展和人口的持续增加，我国突发环境事件应急管理面临严峻的形势。为了解决这些问题，我国建立了一系列环境应急管理的机构，负责处置、监督和管理环境应急工作。这些机构在环境保护和可持续发展方面扮演着重要角色，旨在保护生态环境，改善人民生活质量。

环境应急管理工作的最高行政领导机构是国务院。在国务院总理的领导下，通过国务院常务会议和国家相关突发公共事件应急指挥机构，负责突发公共事件的应急管理工作。专门的环境应急管理工作，则由生态环境部环境应急与事故调查中心负责。各地方环境应急管理工作的开展与实施，以行政区域为单位，由地方各级人民政府作为行政领导机构，负责本行政区域各类突发环境事件的应对工作。

（1）生态环境部

生态环境部是我国环境管理的最高行政机构，主要负责制定环境保护政策、法规和标准，协调各地环境保护工作，监督环境保护工作的实施，制定国家的环境保护目标，监测和评估环境状况，提出环境保护规划和方案，并组织实施。此外，生态环境部还负责环境事故的应急响应和处理。

生态环境部环境应急与事故调查中心为生态环境部直属事业单位，对外加挂“生态环境部环境应急办公室”和“生态环境部环境投诉受理中心”的牌子，负责环境应急与事故调查。其主要职责是：负责重、特大突发环境污染事故和生态破坏事件的应急工作，承担重、特大环境事件的调查工作，具体为组织拟定重、特大突发环境污染事故和生态破坏事件的应急预案，指导、协调地方政府重、特大突发环境事件的应急、预警工作；管理并发布突发环境事件的环境信息；承担重、特大环境事件的调查工作；管理“12369”电话投诉和网上投诉有关工作；参与生态环境执法局组织的环境执法检查工作；对存在环境安全隐患的行业或单位的建设项目提出环评审查意见；提出有关区域限批、流域限批、行业限批的建议；参与重、特大突发环境事件损失评估工作；承担生态环境部环境应急指挥领导小组办公室（简称应急办）工作。

（2）省级生态环境厅（局）

省级生态环境厅（局）是根据生态环境部的指导方针，负责本地区的环境保护工作。它承担着监督和管理本地环境保护工作的职责，制定本地区的环境保护政策、法规和标准，协调和推动环境保护工作的实施，省级生态环境厅（局）还负责监测和评估环境状况，开展环境影响评价工作，指导和支持地方环境保护工作。

省级环境应急与事故调查中心属于省级生态环境厅直属单位。工作职责：组织全省环境污染事故预测与预警工作；收集、整理、报告环境污染事故预警信息；组织实施环境应急响应，参与污染事故处置；组织环境污染事故调查，参与环境污染事故处理；督促检查环境污染事故后生态修复措施的落实情况；督促全省应急预案制定，指导应急演练，开展人员培训等工作。

（3）县（市、区）生态环境局

县（市、区）生态环境局是地方环境保护的基层管理机构，负责本地区的环境保护监督和管理工作。它主要负责制订本地区的环境保护计划和方案，监测和评估环境状况，开展环境治理和污染防治工作，市县生态环境局还负责环境监测和执法，对违反环境保护法规的行为进行处置和整治。

（4）科研院所和大学

科研院所和大学在我国环境应急管理中扮演着重要角色，它们负责开展环境应急科学研究、技术开发和创新，为环境应急管理提供科学依据和技术支持。科研院所和大学还承担着培养环境应急人才的责任，为我国环境应急管理的发展提供人才支持。

（5）企事业单位

企事业单位是我国环境应急管理的参与者和执行者。在环境应急方面，企事业单位必须严格遵守环境应急相关的法规和标准，采取相应的环境保护措施。减少污染物排放，实施节能减排措施，推动绿色发展。同时，企事业单位也需要开展环境风险评估和管理，加强环境监测和治理，履行环境保护的社会责任。

（6）公众参与机构和环保组织

公众参与机构和环保组织在我国环境管理中发挥着重要作用。它们代表公众利益，监督和参与环境保护工作。公众参与机构和环保组织通过舆论监督、法律援助、环境教育等方式，推动环境保护意识的提高，促进环境保护行动的开展。我国环境管理的机构和职责涵盖了国家、地方、企事业单位和公众参与机构等多个层面。这些机构各司其职，相互配合共同推动环境保护工作的开展，努力实现生态文明建设和可持续发展目标，只有通过全社会的共同努力，才能实现我国环境问题的有效治理和可持续发展的目标。

我国应急管理机构示意见图 4-3。

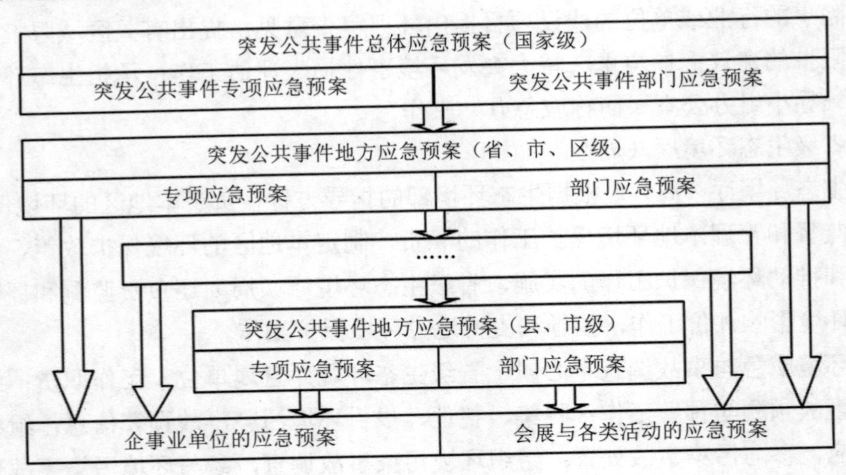

图 4-3 我国应急管理机构示意

2. 企业层面的管理机构

企业层面的应急组织体系包括一般包括应急指挥部以及下设的不少于 4 个应急处置小组（典型设置包括通信警戒组、现场处置组、环境应急监测组、应急保障组）。企业应急救援组织典型机构示意见图 4-4。

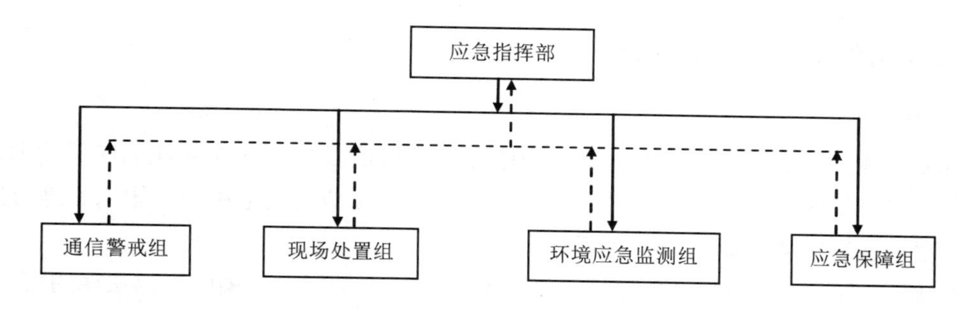

图 4-4 企业应急救援组织典型的机构示意

（1）应急指挥部

1）组织启动突发事故应急处置程序，保障应急物资、人员及财物充足；

2）组织开展事故的调查和责任认定及处理，妥善处理事故善后工作；

3）及时上报现场情况和传达上级有关部门的信息和指令；

4）解除应急处置程序流程，恢复生产运行。

应急救援总指挥、副总指挥：负责掌握意外灾害状况，推动紧急救援构架及各组工作之发挥，决定与宣布解除警报状态，决定与解除疏散指令。

应急指挥部成员协助总指挥、副总指挥对意外灾害紧急救援的现场控制。

（2）应急处置小组职责

听从指挥、服从安排、快速反应、全力做好事故现场抢救、安全保卫、医疗救护、善后处理、事故调查、后勤保障、风险评估、新闻发布等应急工作。

1）通信警戒组：①担负各小组之间的通信联络和对外联络的通信任务。②负责通信器材维护和保养，保证通信顺畅有序。③负责突发环境事件现场及厂区安全警戒工作，控制无关车辆、人员进入现场。④对事件现场外围区域进行保卫和秩序维持，确保应急通道顺畅。⑤外来救援组织到来时引导救援组织进入现场。⑥接到疏散命令后，指挥人员疏散，引导人员正确疏散逃生；保证所有人（员工/参观者/其他外来人员）已经从事件现场疏散；疏散后按生产部门列队，清点人数后汇总，将疏散结果向厂应急指挥部报告。

2）现场处置组：①负责组织现场应急队伍，并采取行动，控制现场局面；②协调现场资源，利用现场器材或设施进行第一时间应急处理；③通过厂应急指挥部协调应急保障组，调取有关应急装备、安全防护品、应急处置材料到现场，进一步应急处置；④应急处置终止后，组织力量抢修泄漏的生产设备，尽快恢复功能；⑤对应急预案进行总结，协助厂应急指挥部完善应急预案。

3）环境应急监测组：负责启动本单位内的环境应急监测，根据不同事故的类型，对污染物进行监测，并协助专业检测单位对周边敏感点和水域环境进行后续跟踪监测。

4）应急保障组：①负责抢险物资、器材器具的准备、维护和日常存储管理；②负责应急响应情况下各部门的抢险物资、器材器具发放；③负责应急终止后抢险物资、器材器具的回收和处置；④负责事件现场的伤员转移、救助工作。

（二）国外环境应急管理机构

1. 美国

目前，美国形成了由联邦、州、县和地方4级政府及社区5个层次的应急管理、响应体系，完善了国家应急响应系统，建立、扩充了国家应急反应中心、国家和地方应急队伍及联邦现场应急协调员等重要环节。

事故预防阶段，美国国家环保局（EPA）和地方环保部门对污染隐患以法律约束为主，以健全的法律法规为依托，以各种完善、全面且可操作性的预案作为保证。EPA面向社会各阶层颁布了针对各种环境风险的详细的评价与防范导则。各导则适用范围清晰明了，所涉及专业内容都辅以详细说明。针对突发性污染事件的防范，美国法律规定，存在环境风险的企业在生产、运输、储存、处理有毒有害物品之前，必须缴纳突发环境事件责任保险金，将物品的种类、有害程度、处理方法等向当地政府、生态环境部门以及周边居民告知方可实施，并且每月将排放物的数量、种类、浓度等检测报告报送当地生态环境部门，同时向各级应急委员会汇报。政府部门定期对企业进行合规性审计，不断改善管理系统。另外，要求制订从政府到相关企业的各层级防范计划与应急预案，进行源头预警和过程预警。通过对各个部门、相关员工进行培训，开展演练，锻炼预警意识与技能，增强计划、预案的可操作性。重视风险信息的统计、发布与更新，通过建立社区警告系统预警与信息发布系统，规定、鼓励地方和企业及非营利机构为公众服务，加强公众自我防范和及时避险能力。

发生事故时，事故责任方及时进行事故报告，地方反应中心接到事故报告后，立即向EPA或海岸警卫队的协调员通报，由当地政府指挥应急行动；如果超出地方政府处理范围，则由地方申请，通过协调员协调联邦政府部门介入，直至总统宣布该地属于受灾地区或处于紧急状态，则国家级响应程序启动，《联邦应急方案》随之实施。根据《联邦应急方案》，美国对突发公共事件实行地方、州和联邦政府三级反应，并细分应急工作职能，每个专项职能由特定机构领导及指定辅助机构执行。当其处置、救援出现困难并向上一级政府提出援助请求时，后者调用相应资源予以增援，但不接替当地政府的处置和指挥权。EPA处理污染现场、指导处置污染事故所需费用来自向污染企业的收费或处罚。此外，美国也有专门的环境突发事件基金为政府处理环境突发事件提供资助。

2. 日本

日本内阁首相是整个应急管理体系中的最高指挥官。内阁官房是内阁首相的辅佐机构，在突发事件来临时负责协调联络，在整个危机管理体制中的主要职能是尽早获取情报并向有关部门传达，召集各省建立相应的应对机制，并且通过中央防灾会议、内阁会议等决策机构制定危机对策，最终由各省厅、各部门根据具体情况予以配合。这一机制的建立是为了保证在发生紧急事件时内阁可以迅速采取必要措施，作出第一判断，将灾害的损失降低到最小。

1961年，日本设置了“中央救灾委员会”，作为全国综合协调机构，为直属于总理内阁府，以首相为会长，负责应对全国的自然灾害，成员包括各内阁成员以及公共机构的负责人等。中央防灾会议设置专职大臣，该大臣有 6 项基本职权：具有特命主管的身份；负责编制相关规划；在制定灾害危机管理基本政策时进行总体协调；在出现大规模环境危机时，担任紧急灾害对策本部的副本部长（首相任本部长）和国家非常灾害对策本部的本部长；制定应急策略；负责信息收集、传播和紧急措施的执行。环境省是中央防灾会议或临时成立的紧急灾害对策本部的成员。此外，日本政府还设立了紧急召集对策小组，以防止发生大规模自然灾害时指挥人员不到岗，出现混乱局面的情况。

日本还针对不同类型的灾害，成立了从中央到地方相应的多个“紧急灾害对策本部”，负责推行各种政策和应对措施。在灾害发生时，就应对突发紧急事件来说，它是一个临时机构，但却有统筹全局、统领指挥的权限和职责。在地方一级，都道府县及市町村可根据灾情成立灾害对策本部，应对本地区的突发事件。

同时，日本地方还有相应的地方防灾会议和地方综合防灾部。根据日本《灾害对策基本法》的规定，中央防灾会议可以对地方防灾会议提出必要的劝告，相应地，地方防灾会议计划也不得违背上位法性质的中央防灾计划。地方应急管理的协调机构是综合防灾部，它是由应急管理总监领导，应急管理总监直属于地方知事，负责统筹组织内阁部门。

环境省针对各种可能发生的环境灾害，事先制订缜密的防灾业务计划，行之有效的防灾体制。相关职能如下：为了切实、稳妥地推动防灾工作的顺利进行，环境省必须建立全省总动员体制，以确保充分有效的组织性，在明确责任、各司其职的同时，确立相关单位之间的合作体制。环境省内设办公厅、环境再生及资源循环局、综合环境政策统筹领导小组、环境保健部、地球环境局、水与大气环境局、自然环境局，外设原子能规划委员会、环境调查研修所、国立水俣病综合研究中心以及两个地方派驻机构即地方环境事务所和生物多样性中心，此外还下辖两个独立行政法人，即国立环境研究所和环境再生保全机构。这些部门各司其职，每个部门都会针对各种可能的突发性环境事件制定各自的标准作业流程，一旦有事件发生，只要按流程操作即可。

3. 英国

英国的应急管理发展历史较早，1948 年，英国政府颁布了《民防法》，该法案对英国政府应对处于冷战局势的严峻国际形势、稳定社会、保护国家和人民生命财产安全起到了积极作用。进入 21 世纪后，由于国际恐怖主义威胁加剧，英国政府于 2001 年出台了《国内突发事件应急计划》，要求在日常工作中加强风险管理、制定应急预案，并进行培训和演练，加强相关部门之间的合作、协调和沟通，强化事件发生后的处置能力。2004 年英国政府出台了《社会应急法》，对重大事件进一步做了定义，对宣布进入紧急状态的条件进行了明确，按照事件严重程度划分等级，明确相关部门、机构和个人的职责。2005 年和 2006 年，英国政府分别出台了《国内紧急状态法案执行规章草案》和《反恐法案》。通过一系列法律法规的逐步完善，帮助英国各级政府及相关部门明确在紧急情况下的职责，为英国突发事件处置奠定了坚实的法律基础。

英国突发事件管理主要分为中央和地方两个层面，一般情况下的突发公共事件由地方政府进行处理，而在应对恐怖袭击和全国性的重大突发事件时由中央政府负责。在中央层面，英国首相是应急管理的最高行政领导，并成立了相应的管理部门，如内阁紧急应变小组（Cabinet Office Briefing Rooms，COBR，又称“眼镜蛇”），作为政府危机处理最高机构，对重大危机或严重紧急事态负责；国民紧急事务委员会（Civil Contingencies Commitment，CCC），其成员主要为各部大臣和重要官员，负责向 COBR 提供咨询意见，监督中央政府部门在紧急情况下的工作情况；国民紧急事务秘书处（Civil Contingencies Secretariat，CCS）负责日常应急管理工作和在紧急情况下协调跨部门、跨机构的应急行动。在地方政府层面，在各行政区域设立“紧急事件规划官”，负责制订各类应急计划或预案，对突发事件进行处置或恢复。“紧急事件规划官”在大多数地域性突发事件的事前预防、事中处置、事后恢复等工作中负有主要职责，并在地方政府难以应对的情况下，申请中央政府援助。同时，英国政府经过多年的不懈努力，建立了较为完善的警察、消防、环保、海上及海岸警卫、通信及电力保障等突发事件应急专业队伍，强化公民应急培训和教育，建立了完整的紧急救援教育或培训基地，并充分重视发挥志愿者队伍的作用，建立了多种专业的志愿者组织。

4．法国

法国政府针对灾害或公共突发事件曾先后颁布过《地震救援法》《人民团体组织法》《自然灾害处置预案》等法律法规，并制定了大量应急管理政策和制度，确保应急响应工作的有效开展。

法国在应急管理上也是划分为中央和地方两个层次，当发生一般性灾害时，应急管理工作由地方负责指挥调度和处置，当发生大型特殊灾害时，由国家内政部直接指挥。国家内政部的民防与民事安全局是紧急救援的专业职能部门，负责全国灾害救援工作，保护法国公民平时和战时的人身和财产安全。同时，法国将全国划分为 9 个专业防护区，分别建有灾害救援指挥中心，另设 3 个职业特勤救援支队和两个现役救援总队。9 个灾害救援指挥中心各分管一个区域的防务工作，负责本区域内的灾害收集、汇报，向受灾地区提供救援信息服务，向民众进行防灾救灾宣传，发出紧急警报，一旦发生大型特殊灾害事故，由民防与民事安全局直接指挥，负责全国和国际性的救援任务。

5．德国

1949 年 5 月 24 日，德国政府颁布《德意志联邦共和国基本法》，该法是德意志联邦共和国的宪法，经历过多次修改，最近一次修改在 2006 年 9 月 1 日。“基本法”对联邦总统、议会、中央政府、州政府等主要机构部门的职责作了明确规定，规定了总统、议会和相关部门在紧急防御情况下的职责和权利，为德国政府应急管理提供了最基本的法律保证。由于恐怖主义盛行，德国政府于 2002 年 12 月通过了《民事保护新战略》，进一步明确了在紧急情况下联邦政府和州政府的职责，并提出了联邦政府和州政府在紧急情况下的组织协调要求。

德国政府历来重视组织机构和机制的完善，希望通过机制保证紧急情况下合理的应急响应。2004 年 5 月，联邦政府在内政部下设立联邦民众保护与灾害救助局（BBK），

BBK 下设危机管理和灾难救援中心、危机准备和国际事务规划中心、重大基础设施保护中心、灾难医疗预防中心、培训中心等多个部门。该局负责处理全国性的重大灾害和突发事件处置，是德国民事安全和重大灾害救援的指挥中枢。同时，德国还成立了“共同报告和形势中心”，负责优化跨州和跨组织的信息和资源管理，从而加强联邦各部门之间、联邦与各州之间以及德国与各国际组织间在灾害预防领域的协调和合作。为保障应急通信能力，德国建立了“紧急预防信息系统”，该系统基于互联网平台，集中向人们提供各种危急情况下如何采取防护措施的信息。另外，这个信息系统还有一个专供内部使用的信息平台，在危险局面出现时，内部平台可以帮助决策者有效开展危机管理，帮助指挥人员快速准确地作出判断和决策。

二、应急管理组织机构职责与特征

（一）应急管理组织机构主要职责

1）贯彻执行国家、当地政府、上级有关部门关于环境安全的方针、政策及规定。

2）组织制定突发环境事件应急预案。

3）组建突发环境事件应急救援队伍。

4）负责应急救援物资。

5）检查、督促做好突发环境事件的预防措施和应急救援的各项准备工作。

6）负责组织预案的审批与更新（企业应急救援指挥部负责审定企业内部各级应急预案）。

7）负责组织外部评审。

8）批准本级预案的启动与终止。

9）确定现场指挥人员。

10）协调事件现场有关工作。

11）负责应急队伍的调动和资源配置。

12）突发环境事件信息的上报及可能受影响区域的通报工作。

13）负责应急状态下请求外部救援力量的决策。

14）接受上级应急救援指挥机构的指令和调动，协助事件的处理；配合有关部门对环境进行修复、事件调查、经验教训总结。

15）负责保护事件现场及相关数据。

16）有计划地组织实施突发环境事件应急救援的培训，根据应急预案进行演练，向周边企业提供本单位有关物料的物质特性、救援知识等宣传材料。

（二）应急管理组织机构特征

1．组织集权化

突发事件的不确定性、破坏性和扩散性，决定了环境应急管理的主体行使处置权力必须快速、高效，因而要求整个组织严格按照一体化集权方式管理和运行，上下关系分明，职权明确，有令必行，有禁必止，奖罚分明。强调统一领导、统一指挥、统一行动的一体化集权管理。

2. 职责双重性

在各国现阶段的环境应急管理实践中，除了部分应急管理人员从事专业应急管理工作，大多数应急管理参与主体来自不同的社会领域和工作部门，在正常的情况下，他们从事社会的其他工作，只有在应急管理工作需要时，才参与应急管理活动，担负应急管理方面的职责。

3. 结构模块化

环境应急管理组织中每个单元体都有类似的内部结构和相似的外部功能，是一个独立的功能体系，由不同单元体系组成的功能体系也具有相似的结构和功能，具有模块化的组织结构。遇到不同类型、不同级别和不同区域的突发事件时，可通过灵活快速的单元体组合，形成相应的应急处置体系。

三、环境应急管理机构工作原则

应急管理体制的确立涉及一个国家或地区的政治、经济、自然、社会等多方面因素，而且随着人类社会进步和应对突发事件能力提高而不断变化和调整。其设立和调整要把握好以下基本原则。

1. 统一指挥

突发事件应对处置工作，必须成立应急指挥机构统一指挥。有关各方都要在应急指挥机构的领导下，依照法律、行政法规和有关规范性文件的规定，展开各项应对处置工作。突发事件应急管理体制，从纵向看包括自上而下的组织管理体制，实行垂直领导，下级服从上级的关系；从横向看同级组织有关部门，形成互相配合，协调应对，共同服务于指挥中枢的关系。

2. 综合协调

在突发事件应对过程中，参与主体是多样的，既有政府及其部门，也有社会组织、企事业单位、基层自治组织、公民个人甚至还有国际援助力量，要实现反应灵敏、协调有序、运转高效的应急机制，必须加强在统一领导下的综合协调能力建设。综合协调人力、物力、财力、技术、信息等保障力量，形成统一的突发事件信息系统、统一的应急指挥系统、统一的救援队伍系统、统一的物资储备系统等，以整合各类行政应急资源，最后形成各部门协同配合、社会参与的联动工作局面。

3. 分类管理

由于突发事件有不同的类型，因此，在集中统一的指挥体制下还应该实行分类管理。从管理的角度看，每一大类的突发事件，应由相应的部门实行管理，建立一定形式的统一指挥体制，如在具体制定预案时，就明确了各专项应急部门收集、分析、报告信息，为专业应急决策机构提供有价值的咨询和建议，按各自职责开展处置工作。但是重大决策必须由组织主要领导作出，这样便于统一指挥，协调各种不同的管理主体。

4．分级负责

对于突发事件的处置，不同级别的突发事件需要动用的人力和物力是不同的。无论是哪一种级别的突发事件，各级政府及其所属相关部门都有义务和责任做好预警和监测工作，地方政府平时应当做好信息的收集、分析工作，定期向上级机关报告相关信息，对可能出现的突发事件作出预测和预警，编制突发事件应急预案，组织应急预案的演练和对公务员及社会大众进行应急意识和相关知识的教育及培训工作。分级负责明确了各级政府在应对突发事件中的责任。如果在突发事件处置中发生了重大问题，造成了严重损失，必须追究有关政府和部门主要领导和当事人的责任。对于在突发事件应对工作中不履行职责，行政不作为，或者不按照法定程序和规定采取措施应对、处置突发事件的，要对其进行批评教育，直至对其进行必要的行政或法律责任追究。

5．属地管理为主

强调属地管理为主，是由于突发事件的发生地政府的迅速反应和正确、有效应对，是有效遏止突发事件发生、发展的关键。大量的事故灾难类突发事件统计表明，80%死亡人员发生在事发最初 2 小时内，是否在第一时间实施有效救援，决定着突发事件应对的关键。因此，必须明确地方政府是发现突发事件苗头、预防发生、先行应对、防止扩散（引发、衍生新的突发事件）的第一责任人，赋予其统一实施应急处置的权力。出现重大突发事件，地方政府必须及时、如实向上级报告，必要时可以越级报告。实行属地管理为主，让地方政府能迅速反应、及时处理，是适应反应灵敏的应急管理机制的必然要求。当然，属地管理为主并不排斥上级政府及其有关部门对其应对工作的指导，也不能免除发生地其他部门和单位的协同义务。

第四节 环境应急管理工作要点

一、加强应急指挥体系建设

1）建立健全环境应急指挥体系，明确各级生态环境部门的职责和权限，并明确应急响应的程序。

明确职责和权限：制定明确的指挥体系，明确各级生态环境部门在应急事件中的职责和权限，确保指挥体系的顺畅和高效运转。

建立应急响应程序：制定应急响应的程序和流程，明确各个环节的操作步骤和责任分工，确保应急响应的高效性和一致性。

2）加强与其他相关部门的协调配合，形成跨部门、跨地域的应急合作机制。

建立跨部门合作机制：与其他相关部门（如公安、消防、卫生等）建立协调合作机制，明确各自责任和协作方式，形成有机衔接的跨部门合作体系。

建立信息共享机制：建立信息共享平台，及时共享应急响应所需的相关信息，提高信息传递和协同工作的效率。

3）定期组织应急演练，提高应急响应的能力和效率。

制订演练计划：制订详细的演练计划，包括不同应急情景的演练内容、时间和地点，确保演练的全面性和系统性。

组织多方参与：邀请相关部门、企业和专业机构参与演练，共同检验和提升应急响应的能力和效率。

总结演练经验：对每次演练进行评估和总结，及时发现问题和不足，并进行改进和提升。

二、完善应急预案制定与更新

1）制定完善的应急预案，包括环境突发事件的预案、应急资源调配的预案等。

综合评估环境风险：针对可能发生的环境突发事件，进行全面的环境风险评估，明确可能出现的风险源、危害程度和应急处置需求，为应急预案的制定提供依据。

明确责任和流程：明确各级生态环境部门和相关单位在应急事件中的责任和职责，以及应急响应的流程和步骤，在预案中具体规定各项工作的执行要求和任务划分。

考虑资源调配：在应急预案中包括资源调配的预案，明确资源的分类、储备、调配和使用方式，确保在应急事件中能够快速、有效地调配和利用资源。

2）定期检查和更新应急预案，以适应环境风险的变化和应对新形势的需要。

定期评估应急需求：定期评估环境风险的变化和应急需求的调整，根据评估结果及时更新应急预案，保证其与实际情况相符。

演练和实践检验：通过定期组织应急演练、实战演练等活动，对应急预案进行实际检验，发现问题和不足，及时调整和改进预案内容和流程。

纳入持续改进机制：将应急预案的更新和完善纳入持续改进机制，建立反馈机制和信息沟通渠道，及时收集、分析和应用应急事件的信息和教训，不断提升应急预案的质量和适应性。

三、加强环境风险评估和监测预警

1）建立完善的环境风险评估机制，及时识别和评估可能发生的环境风险。

综合评估方法：采用综合评估方法，包括定性和定量评估，结合历史数据、统计分析、模型预测等多方面的信息，全面了解环境风险的来源、特征和变化趋势。

风险评估指标：制定相应的风险评估指标体系，从不同维度评估环境风险，例如污染源强度、污染物排放量、受影响人口密度等，以及评估环境事件的潜在经济、社会和生态危害程度。

数据收集和分析：建立健全的数据收集和管理机制，整合监测数据、统计数据、遥感数据等多源数据，利用专业的分析工具和方法对数据进行准确分析和解读，以全面了解环境风险的状况。

定期评估和更新：定期进行环境风险评估，及时更新评估结果，随着环境状况和新的风险因素的变化，修定和完善评估模型和方法，确保评估工作的准确性和实效性。

2）建立环境监测系统，实时监测环境指标，及时发现异常情况并作出预警。

多层次监测网络：建立全面的、覆盖范围广的环境监测网络，包括固定监测站、移动监测仪器、遥感监测等，涵盖不同环境媒介和重点监测区域，实现对环境指标的全面监测。

实时数据传输与共享：引入先进的监测技术和传输设备，实现环境监测数据的实时传输和共享，可以通过远程监测、数据云平台等手段进行数据实时处理和分析，确保监测数据的时效性和准确性。

预警机制与应急响应：建立环境监测预警机制，制定预警标准和临界值，设立预警指标，通过监测数据的监测分析，及时发现异常情况，触发预警机制，启动相应的应急响应机制。

信息发布和沟通：及时发布预警信息，向相关部门和公众通报环境风险和紧急事件的发生、发展和应对情况，提供必要的应急指导和建议，确保公众安全和环境保护的知情权。

四、加强环境事故应急处置能力建设

1）建立环境事故应急响应专业队伍，提供专业化的环境应急服务。

建立专业的环境事故应急响应队伍，包括应急指挥部、救援队、专家组等，确保能够在环境事故发生时快速响应和展开应急工作。这些队伍应该具备专业知识和技能，能够迅速组织和协调应急处置工作，并提供必要的环境应急服务。

2）加强环境事故应急救援装备的更新和补充，确保能够及时有效地处置环境事故。

及时更新和补充环境事故应急救援装备，包括个人防护设备、监测仪器、污染源控制设备、泄漏处理工具等，确保在应急处置过程中能够便捷地获取必要的装备和工具。这些装备应当符合最新的技术标准，并接受定期的维护和检修，以确保其可靠性和使用性能。

3）加强环境事故应急处置技术研发和培训，提高应对环境事故的能力和水平。

加强相关环境事故应急处置技术的研发和创新，包括快速处置技术、污染物监测技术、污染控制技术等。这些技术的研发应紧跟科技发展的趋势，提高应急处置效率和减少环境损害。同时，培训应急队伍成员，提高其应对环境事故的技能水平，包括事故现场救援、危险品处理、应急指挥等方面的培训。

五、加强环境应急宣传与教育

1）加大环境应急宣传和教育力度，提高公众对环境应急工作的关注和认识。

政府和相关机构应加大对环境应急工作的宣传力度，通过媒体、网络、社交平台等各种渠道向公众传递环境应急知识。同时，组织举办专题讲座、研讨会等活动，向公众介绍应急预案、处置措施等信息，提高公众对环境应急工作的关注和认识。

2）开展环境应急知识普及活动，提高公众的环境应急意识和自我保护能力。

通过开展环境应急知识普及活动，提高公众的环境应急意识和自我保护能力。这包括组织各类培训、演习和实地考察，让公众了解环境应急工作的基本知识。例如，开展灾害风险和危险品知识教育，提供急救和自救技能培训，让公众能够在紧急情况下作出正确的反应和行动。

六、强化环境应急信息共享和交流

1）建立环境应急信息平台，实现环境应急信息的共享和交流。

政府或相关机构可以建立一个统一的环境应急信息平台，集中汇总和管理各类环境应急信息。该平台可以包括事件报告系统、信息发布系统以及用于数据存储和分析的数据库等。通过该平台，各相关单位可以共享环境应急信息，包括事故报告、应急响应措施、救援进展、资源需求等。这样做有助于各单位及时了解环境应急事件的进展情况，协调合作，避免信息孤岛和冗余。制定统一的信息标准，确保信息的一致性和可比性。同时，建立协作机制，促进各单位之间的信息交流和协同行动，优化资源配置和应急决策。

2）加强与相关单位的信息共享和交流，提高信息的准确性和时效性。

建立信息共享机制：建立与相关单位的联络机制和信息共享渠道，如与环境监测机构、应急管理部门、企事业单位等建立紧密联系，确保信息的快速传递和共享。例如，可以建立定期会议、工作组、信息对接平台等形式，促进信息的流通和交流。

加强信息准确性和时效性：采取措施确保信息的准确性和时效性。例如，准确收集、分析和验证环境应急信息，确保发布的信息真实可靠。同时，采用现代化的通信技术，如实时监测系统、卫星遥感、传感器网络等，提高信息的实时采集和传输效率。

建立信息演练机制：定期进行信息共享演练，模拟环境应急情景，检验通信和信息传递的效能。通过演练，发现问题并及时改进，提高信息共享和交流的实际效果。

七、加强环境应急督查与评估

1）建立环境应急督查机制，对环境应急工作的执行情况进行监督检查。

设立专门机构：建立环境应急督查机构或专门督查小组，负责监督环境应急工作的执行情况。该机构应具备专业的技术人员和行业专家，能够全面了解环境应急标准和法规，并具备合理的执法权限。

制订督查计划和标准：根据环境应急工作的需求，制订督查计划和督查标准。督查计划可以涵盖不同地区、不同行业和不同应急责任单位，确保全面覆盖和公正执行。督查标准应明确工作要求、指标和考核内容，便于对环境应急工作进行有效评估。

开展定期和不定期督查：定期进行环境应急督查，如每年或每季度。此外，还应进行不定期的督查，特别是在突发事件发生后，及时对应急措施和应急预案的执行情况进行监察。督查可以通过现场检查、文件调阅、访谈等方式进行，确保工作的有效性和合规性。

加强督查结果的落实和跟踪：对督查发现的问题和不合规行为，要求整改和纠正措施，并跟踪督促其落实，确保问题得到解决。要建立信息共享机制，及时向相关单位通报督查结果，推动问题的解决和改进。

2）定期评估环境应急工作的效果和成效，及时发现问题并作出改进。

制定评估指标和评估方法：制定科学、合理的评估指标和评估方法，用于评估环境应急工作的效果和成效。指标可以包括应急预案的完善程度、应急培训的覆盖率、应急设备的更新情况等。评估方法可以采用定量和定性相结合的方式，包括问卷调查、数据统计分析、实地考察等。

定期开展评估活动：按照预定的评估计划，定期开展环境应急工作的评估活动。评估应涵盖不同层级、不同地区和不同类型的环境应急工作，全面了解其成效和问题。同时，评估结果应当及时反馈给相关部门和单位，引导其改进工作和加强能力建设。

注重综合评估和持续改进：评估应综合考虑环境应急工作的各个方面因素，包括制度建设、应急能力、资源配置、组织协调等。评估结果应能够指导环境应急工作的持续改进，发现并解决问题，提高应对突发事件的能力。

思考题

1. 比较国内外环境应急管理体系的区别与联系。
2. 简要谈谈你对“一案三制”的理解。
3. 以一个企业为例，环境管理机构一般有哪些？并说明不同管理机构的主要职责有哪些？
4. 调研我国环境应急管理现状，并与国外比较，撰写 1 000 字以上的调研报告。
5. 企业的环境应急管理工作有哪些特点和要点？
6. 如何进行企业环境风险的防控？

主要参考文献

曹振奇，袁颖．突发环境事件应急管理体系的完善对策[J]．黑龙江环境通报，2021，34（3）：34-35.

陈皓．环境突发事件应急管理法律机制研究——以政府环境权责分配为视角[D]．上海：华东政法大学，2012.

毛小苓，刘阳生．国内外环境风险评价研究进展[J]．应用基础与工程科学学报，2003，11（3）：266-273.

生态环境部环境应急与事故调查中心．加强环境应急管理体系建设　守住生态环境安全底线[J]．中华环境，2022（10）：51-52.

王金南，曹国志，曹东．国家环境风险防控与管理体系框架构建[J]．中国环境科学，2013，33（1）：186-191.

魏婧，王乃亮，陶伟，等．我国突发环境事件管理体系研究[J]．清洗世界，2022，38（10）：193-195，198.

於方，曹国志，齐霁．生态环境风险管理与损害赔偿制度现状与展望[J]．中国环境管理，2021（5）：143-150.

袁鹏，宋永会．突发环境事件风险防控与应急管理的建议[J]．环境保护，2017，45（5）：23-25.

第五章 环境应急预案

第一节 环境隐患排查

一、环境隐患概念及分级

1．环境隐患的概念

环境隐患指的是带来潜在风险的环境问题，可能会影响到人们的健康和生活质量。这些环境隐患来自工业、家庭以及交通等方方面面。其中一些隐患可能对人类健康和环境产生影响，因此需要及时采取措施来降低风险。

环境隐患的主要来源之一是工业污染。一些工业活动和生产过程中产生的废水、废气以及其他化学物质等，对环境造成了潜在的威胁。例如，工厂处理过的有害废物可能会被排放到当地的河流或海洋中，从而导致水污染；或是排放到空气中的废气浓度过高，对人体呼吸系统造成损害。此外，城市发展中的建筑和房地产开发活动也可能带来环境污染等隐患，例如有毒物质造成的土壤污染以及施工过程中产生的污染物等。

家庭也可能存在环境隐患，例如一些对健康有害的化学物品。这些化学物品可能存在于家庭清洁用品、个人护理用品、化妆品以及宠物用品中，长期接触可能对人体造成不良影响。此外，家庭电器的过度使用也可能增加电器起火、电障等潜在的安全隐患。

交通领域存在的环境隐患问题。道路交通事故造成的伤亡和环境污染是交通领域面临的几大环境隐患之一。例如，车辆排放的废气、噪声、灰尘等对空气质量的危害以及道路垃圾污染问题。

总之，环境隐患是极为严重的问题，它对人类的健康和生活产生重大影响。我们必须采取措施，对环境进行监管，以避免更多的环境安全隐患，从而实现人类可持续发展。

2．环境隐患分级

（1）重大突发环境事件隐患

重大突发环境事件隐患是指情况复杂、短期内难以完成治理 并可能造成环境危害的隐患；或可能产生较大环境危害的隐患，如可能造成有毒有害物质进入大气、水、土壤等环境介质产生次生较大以上突发环境事件的隐患。

（2）一般突发环境事件隐患

一般突发环境事件隐患是指除重大突发环境事件隐患之外的其他隐患情形。

二、环境隐患排查

1．环境隐患排查的内涵

环境隐患排查主要根据环保和相关工艺领域专家经验，结合《企业突发环境事件隐患排查和治理工作指南（试行）》开展。环境隐患排查是环境风险评估的重要组成部分，重点用于研判企业生产工艺过程与环境风险控制水平。评估排查人员通过现场核查企业由原料到产品的整个生产流程，查阅企业环境影响评价报告、突发环境事件应急预案、监测数据等资料，发现环境隐患的位置、内容和危害程度并提出整改建议，为参保企业治理环境隐患提供明确依据。

2．环境隐患排查的意义

（1）保障身体健康

环境隐患排查能够及时发现和处理环境问题，避免环境问题对我们的身体健康造成影响。例如，空气污染、水污染、土壤污染、噪声污染等环境问题都会对我们的身体健康造成影响。通过环境隐患排查，能够及时发现这些问题，采取有效的措施，保障身体健康。

（2）保障生命安全

环境隐患排查能够及时发现和处理环境问题，保障生命安全。例如，天然气泄漏、化学品泄漏、火灾等环境问题都会对我们的生命安全造成威胁。通过环境隐患排查，能够及时发现这些问题，采取有效的措施，保障生命安全。

（3）提高环境质量

环境隐患排查能够及时发现和处理环境问题，提高环境质量。例如，处理工业废水、废气等环境问题，能够减少环境污染，提高环境质量。通过环境隐患排查，能够及时发现这些问题，采取有效的措施，提高环境质量。

3．如何做好环境隐患排查

（1）建立环境隐患排查制度

企事业单位应该建立环境隐患排查制度，明确责任、程序、标准等内容。制度应该明确环境隐患排查的时间、周期、范围等内容，确保环境隐患排查的全面性和有效性。

（2）培训环境隐患排查人员

企事业单位应该对环境隐患排查人员进行培训，提高其环境隐患排查能力。培训内容应该包括环境隐患排查的理论知识、操作技能、应急处理等内容，确保环境隐患排查人员具备的能力和素质。

（3）开展环境隐患排查工作

企事业单位应该按照制度要求，开展环境隐患排查工作。排查内容应该包括空气、水、土壤、噪声、危险化学品等方面，确保排查的全面性和有效性。排查结果应该及时上报，并采取相关措施进行处理。

(4) 加强环境隐患排查管理

企事业单位应该加强环境隐患排查管理，督促各部门认真履行排查义务，确保排查工作的有效性。同时，应该建立环境隐患排查的档案，便于日后的监管和追溯。

三、常见环境隐患情形

(一) 重大隐患情形

1. 企业类

(1) 环境应急管理类

1) 未编制、备案企业环境应急预案（含危险废物专项应急预案），预案过期未修订；可能的突发环境事件情景辨析不全；预案中的风险防控措施与实际不符。

2) 未开展突发环境事件风险评估；风险评估报告中环境风险信息、突发环境事件风险等级认定与实际不符。

3) 未建立突发环境事件隐患排查治理制度，无隐患排查治理档案；重大隐患未制订整改方案。

4) 未按相关规定或环境影响评价文件、环境应急预案要求的频次开展应急演练。

5) 未配备与自身环境风险水平相匹配的环境应急物资装备或未建立环境应急物资装备快速供应机制。

(2) 环境应急防控措施类

1) 未落实环境影响评价文件及批复要求的环境风险防控措施。

2) 未按要求设置事故应急池；事故应急池有效容积不满足环境影响评价文件及批复、环境风险评估报告等相关要求；事故应急未采取防渗措施；事故应急池存在旁路直通外环境。

3) 消防水、泄漏物及初期雨水等不能通过自流或泵引设施提升至事故应急池；未配置传输泵、配套管线、应急发电等装置，无法将事故应急池中废水转输处置。

4) 生产场所、一体装卸作业场所、物料储存场所、危险废物贮存场所等涉风险物质（参考环境保护标准 HJ 941 附录 A）的区域未设置事故废水截流措施（围堰、环沟、防火堤、闸、阀等）。接纳消防废水的排水系统未按最大消防水量校核排水能力。

5) 雨水、清净下水、排洪沟、污（废）水的厂区总排口等未设置截流措施；事故状态下，无有效措施防止废水、泄漏物、受污染的雨水、消防水等溢出厂界。

6) 将车间冲洗水、储罐清洗水、生活污水、车辆冲洗水、事故排放水等生产废水排入雨水沟，混入雨水排放。

7) 排放纳入《有毒有害大气污染物名录》气体的企业未确定事故状态下监测因子，无监测预警手段。

（3）危险废物与污染防治设施类

1）脱硫脱硝、煤改气、挥发性有机物回收、污水处理、粉尘治理、RTO 焚烧炉六类污染防治设施未开展安全风险辨识。

2）危险废物贮存设施未开展安全风险辨识；危险废物贮存超过一年；属性不明的固体废物未开展鉴定工作。

3）其他可能次生较大以上突发环境事件的隐患情形。

2．园区类

（1）环境应急管理类

1）未编制、修订、备案园区环境应急预案；应急预案内容与实际情况不符，可能的突发环境事件情景辨析不全。未开展园区突发环境事件风险评估；突发环境事件风险等级认定与实际不符。

2）未制定园区级别突发环境事件隐患排查治理制度；未开展园区级别突发环境事件隐患排查治理工作；未建立并动态更新（至少每半年 1 次）突发环境事件隐患清单。

3）园区及区内企业的重大突发环境事件隐患闭环整改不到位。

4）园区未按规划环境影响评价文件或环境应急预案的要求建立环境应急救援队伍、开展环境应急演练。

5）未配备与自身环境风险水平相匹配的环境应急物资装备或未建立环境应急物资装备快速供应机制。

（2）环境应急防控措施类

1）未落实规划环境影响评价文件及批复要求的环境风险防控措施。

2）纳入建设范围的园区未完成“企业—园区公共管网（应急池）—区内水体”突发水污染事件三级防控体系建设。

3）进入园区公共区域的事故排水，包括泄漏物、消防水和受污染的雨水等，不能进行有效拦截、降污和导流。

4）园区雨水系统、清净下水系统、生产废（污）水系统的总排口未安装切换阀等设施以防止受污染的水进入自然水体。

5）排放纳入《有毒有害大气污染物名录》气体的园区，无针对环境风险监测预警手段。

6）未按规划或相关要求配套危险废物集中处理处置设施。

7）未建立覆盖危险废物产生、收集、贮存、运输、利用、迟滞等全过程的监管体系。

8）其他可能次生较大以上突发环境事件的隐患情形。

（二）一般隐患情形

一般环境隐患情形见表 5-1。

表 5-1　一般环境隐患情形

隐患类别	细分类别	序号	隐患内容
环境应急管理类	1．环境应急预案	1	未开展环境应急资源调查或调查不充分
		2	未按规定签发环境应急预案
		3	未明确环境应急预案培训、演练、评估修订等管理要求
		4	未编制重点工作岗位的现场处置方案
		5	未更新环境应急预案中相关单位和人员通信录
	2．隐患排查治理	6	以安全等其他类型隐患代替突发环境事件隐患
		7	发现一般突发环境事件隐患未立即整改治理
		8	隐患排查频次不满足相关要求
	3．环境应急培训	9	未组织开展环境应急培训或以其他类型培训代替环境应急培训
		10	未如实记录环境应急培训的时间、内容、人员等情况
	4．环境应急物资装备	11	以其他类型物资装备代替环境应急物资装备
		12	未建立环境应急物资装备管理台账
		13	未定期检查现有物资，及时补充已消耗的物资装备
		14	无应急救援队伍的企业未与其他组织或单位签订应急救援协议或互救协议
	5．环境应急演练	15	以其他类型演练代替环境应急演练
		16	未开展环境应急演练的总结和评估工作
		17	未建立环境应急演练台账
环境应急防控措施类	6．突发水环境事件风险防控措施	18	事故应急池非事故状态下被占用超过有效容积的 1/3 且无紧急排空技术措施
		19	事故应急池未设置液位标识、标识牌
		20	事故应急池存在孔洞和裂缝
		21	事故应急池保养维修期间，无其他暂存措施
		22	围堰、防火堤等未设置导流沟及排水切换阀
		23	未按要求设置初期雨水收集池。雨水管路常年未开展闭水实验
		24	初期雨水收集池容积不符合相关要求
		25	雨水、清净下水、排洪沟、污（废）水的厂区总排口未按要求设置监视
		26	雨水截留设施锈蚀、简陋（如简易闸板），存在渗漏现象
		27	雨水截留设施正常情况下处于常开状态
		28	未设置厂区雨污分流及事故废水收集、控制节点示意图
		29	生产车间（针对土壤污染重点监管单位）、储罐区、固体废物堆场、运输装卸区等易受污染区域未采取防渗措施
		30	生产区域、原料管线、污水处理设施等存在跑冒滴漏现象
	7．突发大气环境事件风险防控措施	31	排放纳入《有毒有害大气污染物名录》气体的企业未建立有毒有害大气特征污染物名录
		32	信息通报机制不健全，不能在发生突发大气环境污染事件后及时通报可能受到危害的单位和居民

隐患类别	细分类别	序号	隐患内容
环境应急防控措施类	8．危险废物环境风险防控措施	33	危险废物贮存设施未设置固定防雨、防扬散、防流失、防渗漏等措施
		34	危险废物贮存设施未设置泄漏液体收集装置
		35	危险废物贮存设施未配备通信设备、照明设施、消防设施和应急防护用品等
		36	易燃、易爆及排出有毒气体的危险废物稳定化后进入贮存设施贮存，未配备有机气体报警、火灾报警装置和导出静电的接地装置
		37	可能产生粉尘、挥发性有机物、酸雾以及其他有毒有害气态污染物质的危险废物贮存设施未设置气体收集装置和气体净化设施

第二节　环境风险评估

一、环境风险评估的定义与识别

1．环境风险评估的定义

（1）风险

风险一般指遭受损失、损伤或毁坏的可能性或者说发生人们不希望出现的后果的可能性，它存在于人的一切活动中，不同的活动会带来不同性质的风险，如经常遇到的灾害风险、工程风险、投资风险、健康风险、污染风险、决策风险等。目前较通用和严格的风险定义是风险指在一定时期产生有害事件的概率与有害事件后果的乘积。

（2）环境风险

环境风险是由自发的自然原因和人类活动引起的、通过环境介质传播的、能对人类社会及自然环境产生破坏、损害以及毁灭性作用等不幸事件发生的概率及其后果。环境风险广泛存在于人类的各种活动中，其性质和表现方式复杂多样，从不同角度可作不同分类，如按风险源分类，可以分为化学风险、物理风险以及自然灾害引发的风险；按承受风险的对象分类，可以分为人群风险、设施风险和生态风险等。

（3）环境风险评估

环境风险评估通常是针对建设项目在建设和运行期间发生的可预测突发性事件或事故（一般不包括人为破坏及自然灾害）引起有毒有害、易燃易爆等物质泄漏，或突发事件产生的新的有毒有害物质所造成的对人身安全与环境的影响和损害进行评估，提出合理可行的防范、应急与减缓措施，以使建设项目事故率、损失和环境影响达到可接受水平。

通过系统地评估自身环境风险状况，同时根据可调用的应急资源，找出不足或差距，以采取有效措施落实环境风险防控和应急措施，对应急预案编制具有重要基础性作用；

环境风险评估能够积极推动企业落实环境安全主体责任。

2．风险识别的范围和类型

风险识别的范围：生产设施风险识别和生产过程所涉及的物质风险识别。生产设施风险识别范围：主要生产装置、贮运系统、公用工程系统、工程环保设施及辅助生产设施等。

风险物质识别范围：主要原材料及辅助材料、燃料、中间产品、最终产品以及生产过程排放的“三废”等。

风险类型：根据造成有毒有害物质外溢的起因，分为火灾、爆炸和泄漏三种类型。

3．风险识别内容

1）资料收集和预备（建设项目工程资料：可行性研究、工程设计资料、建设项目安全评价资料、安全治理体制及事故应急预案资料；环境资料：利用环境影响报告书中有关厂址周边环境和区域环境资料，重点收集人口分布资料；事故资料：国内外同行业事故统计分析及典型事故案例资料）。

2）物质危险性识别（对项目所涉及的有毒有害、易燃易爆物质进行危险性识别和综合评价，筛选环境风险评价因子）。

3）生产过程潜在危险性识别（根据建设项目的生产特征，结合物质危险性识别，对项目功能系统划分功能单元，确定潜在的危险单元及重大危险源）。

4．环境风险评估的意义

（1）为生态文明建设提供科学依据

生态环境风险评估可以帮助政府制定出符合实际情况、科学可行的生态文明建设方案，从而更好地保护生态环境、促进可持续发展。

（2）促进环保法律法规的实施

生态环境风险评估是制定环境保护法律法规的基石，也是实施环境保护法律法规的重要手段。

（3）促进企业的可持续发展

生态环境风险评估可以帮助更好地识别环境风险和潜在危机，为企业未来的可持续发展保驾护航。

二、环境风险评估方法

（一）环境风险评估程序

企业突发环境事件风险评估程序见图 5-1。

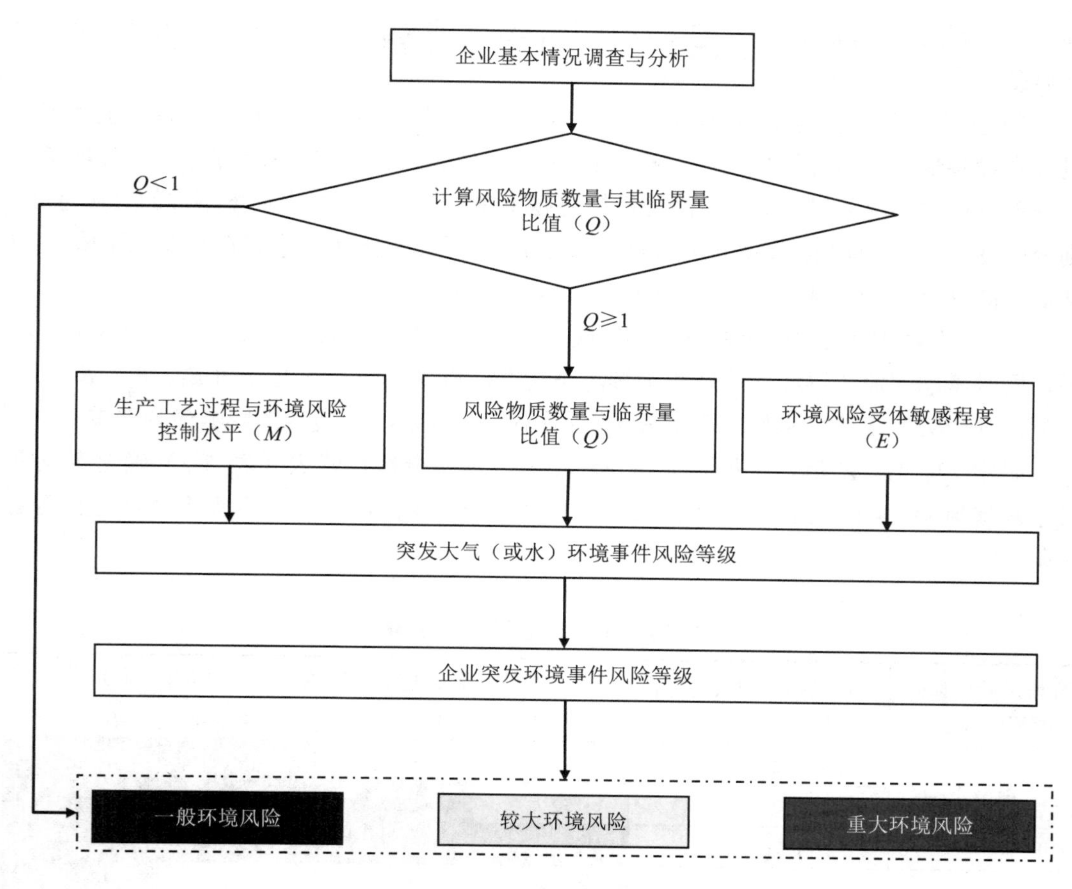

图 5-1　企业突发环境事件风险评估程序

（二）环境风险等级评估方法

环境风险评估主要参考《企业突发环境事件风险分级方法》（HJ 941—2018），通过风险物质临界量计算、生产工艺与环境风险控制水平评估、环境风险受体敏感程度评估等环节确定企业的风险等级。

根据企业生产、使用、存储和释放的突发环境事件风险物质数量与其临界量比值（Q），评估生产工艺过程与环境风险控制水平（M）以及环境风险受体敏感程度（E）的评估分析结果，分别评估企业突发大气环境事件风险和突发水环境事件风险，将企业突发大气或水环境事件风险等级划分为一般环境风险、较大环境风险和重大环境风险三级，分别用蓝色、黄色和红色标识。同时涉及突发大气和水环境事件风险的企业，以等级高者确定企业突发环境事件风险等级。

以下以企业突发水环境事件风险等级划分为例进行分析。

1）按照企业涉水环境风险物质在厂界内的存在量与临界量比值 Q（涉水风险物质的类别和临界量可在《企业突发环境事件风险分级方法》附录中查询），将企业环境风险源强度从低到高划分为 Q_0、Q_1、Q_2、Q_3 四个等级，其中 Q_0 表示企业存储的风险物质小于临界量。

2）生产工艺过程与水环境风险控制水平（M）的评估采用评分法，对企业生产工艺过程和设备情况、水环境风险防控措施和突发水环境事件发生情况进行评分。各项指标根据现场评估情况予以打分，风险防控措施越不完善，发生突发水环境事件的等级越高，则分值越高。将各项指标值累加，根据分值把生产工艺过程与水环境风险控制水平值（M）从低到高划分为 M_1、M_2、M_3、M_4 四个等级。

3）水环境风险受体敏感程度（E）。根据企业排口 10 km 范围内受体数量和保护区范围，同时考虑河流跨界和可能造成土壤污染情况，将受体敏感程度分为 E_1、E_2、E_3 三种类型，其中突发水环境事件情况下 E_3 影响最小，E_2 次之，E_1 造成的影响最为严重。

确定 Q、M、E 后，根据企业突发环境事件风险分级矩阵表（表 5-2）确定企业突发水环境风险等级，可将企业环境风险划分为一般环境风险、较大环境风险或重点环境风险。

表 5-2　企业环境风险分级矩阵

环境风险受体敏感程度（E）	环境风险物质数量与临界量比值（Q）	生产工艺过程与水环境风险控制水平（M）			
		M_1 类水平	M_2 类水平	M_3 类水平	M_4 类水平
类型 1（E_1）	$1 \leqslant Q < 10$（Q_1）	较大	较大	重大	重大
	$10 \leqslant Q < 100$（Q_2）	较大	重大	重大	重大
	$100 \leqslant Q$（Q_3）	重大	重大	重大	重大
类型 2（E_2）	$1 \leqslant Q < 10$（Q_1）	一般	较大	较大	重大
	$10 \leqslant Q < 100$（Q_2）	较大	较大	重大	重大
	$100 \leqslant Q$（Q_3）	较大	重大	重大	重大
类型 3（E_3）	$1 \leqslant Q < 10$（Q_1）	一般	一般	较大	较大
	$10 \leqslant Q < 100$（Q_2）	一般	较大	较大	重大
	$100 \leqslant Q$（Q_3）	较大	较大	重大	重大

4）环境事件风险等级表征。根据分级方法，企业突发水环境事件风险等级表征分为两种情况：

①$Q < 1$ 时，企业突发水环境事件风险等级表示为“一般—水（Q_0）”。

②$Q \geqslant 1$ 时，企业突发水环境事件风险等级表示为“环境风险等级—水（Q 水平—M 类型—E 类型）”。

同时涉及突发大气和水环境事件风险的企业，风险等级表示为“企业突发环境事件风险等级［突发大气环境事件风险等级表征+突发水环境事件风险等级表征］”。

近 3 年内因违法排放污染物、非法转移处置危险废物等行为受到生态环境主管部门处罚的企业，在已评定的突发环境事件风险等级基础上调高一级，最高等级为重大。

第三节　环境应急资源调查

一、环境应急相关概念

1．环境应急资源

环境应急资源是指针对突发环境事件采取紧急措施所需要的队伍、装备、物资、场所等要素的总称。开展环境应急资源调查，可以将应急管理、技术支持、处置救援等环境应急队伍和应急指挥、应急拦截与储存、应急疏散与临时安置、物资存放等环境应急场所同步纳入调查范围。

2．环境应急队伍

环境应急队伍是指环境应急资源中的管理、抢险救援和专家队伍。它包括承担应急计划、指挥、组织、协调等管理任务的管理人员，承担监测、处置、救援、调查等行动任务的抢险救援人员，提供应急业务、知识、技术等支持的专家人员，以及志愿者等人员。

3．环境应急物资

环境应急物资是指环境应急资源中消耗性物质资料，一般不列为固定资产。它包括个人防护物资、围堵物资、处理处置物资等。

4．环境应急装备

环境应急装备是指环境应急资源中可重复使用的设备，一般列为固定资产。它包括应急监测、应急装置、应急交通、应急通信、应急急救等设备。

5．环境应急场所

环境应急场所是指环境应急资源中的临时或长期活动处所。它包括应急处置场所、应急物资或装备存放场所、应急指挥场所等。

二、环境应急资源调查

为了指导各级政府与企事业单位做好环境应急资源调查工作，生态环境部专门发布了《环境应急资源调查指南（试行）》（以下简称《调查指南》）。《调查指南》重点规范了环境应急资源的调查内容和调查程序，用于指导生态环境部门、企事业单位组织开展环境应急资源调查工作。

1．制定《调查指南》的背景

党中央、国务院高度重视环境应急资源储备。《中共中央、国务院关于全面加强生态环境保护坚决打好污染防治攻坚战的意见》（中发〔2018〕17号）要求，国家建立环境应急物资储备信息库，省、市级政府建设环境应急物资储备库，企业环境应急装备和储备物资应纳入储备体系。《突发事件应急预案管理办法》（国办发〔2013〕101号）规定，编制应急预案应当在开展风险评估和应急资源调查的基础上进行。

加强环境应急资源储备，首先要开展调查、摸清底数。但目前工作中存在环境应急资源底数不清、定位不清、界限不清的问题，还存在调查不充分、程序不规范、结论可信度不高、数据更新不及时、调查结果与预案衔接不够等问题。

为落实党中央、国务院要求，摸清应急资源底数，强化应急资源储备的针对性，满足健全环境应急预案管理制度、提高预案质量和应急响应能力的需求，确保环境应急资源找得到、调得动、用得好，有必要制定《调查指南》，指导地方开展相关工作。

2.《调查指南》的定位

《调查指南》为推荐性技术指导文件，供开展环境应急资源调查的生态环境部门、企事业单位在调查环境应急资源时参考使用。

3.《调查指南》的主要内容

《调查指南》包括 6 节正文和 3 个附录。正文按照突出重点、便于执行的原则，明确了调查的目的、原则、主体，分别提出了生态环境部门、企事业单位的调查内容，具体规范了制订方案、安排部署、信息采集、编写报告、建立档案、数据更新等六步调查程序。3 个附录分别是环境应急资源参考名录、环境应急资源调查表、环境应急资源调查报告（表）。

4．环境应急资源种类

《调查指南》将环境应急资源的范围重点界定为采取紧急措施应对突发环境事件时所需要的物资和装备。一些专家认为，应急资源也包括应急队伍和应急场所。因此，《调查指南》对应急队伍和应急场所进行了提示性表述，并在附录中提供了调查表格供参考使用。

为了突出环境特点，从环境应急的主要作业方式或资源功能出发，将环境应急资源分为污染源切断、污染物控制、污染物收集、污染物降解、安全防护、应急通信和指挥、环境监测七类。《环境应急资源参考名录》列出了重点应急资源名称。参考名录的确定主要来源于以下 5 个渠道：

1）地方生态环境部门开展调查时确定的环境应急资源名录。

2）地方生态环境部门配备的环境应急资源。

3）分析 88 个重点突发环境事件历史案例曾经使用的资源。

4）环境应急管理和标准化建设曾经提出的资源名录。

5）部分企业环境应急资源调查的汇总分析。

其他通用应急资源可以参考《应急保障重点物资分类目录（2015 年）》。

5．环境应急资源调查程序

《调查指南》对环境应急资源调查的一般要求和调查程序进行了规范。

调查的一般要求包括明确调查目的、调查原则、调查主体、调查内容，对为什么开展调查、由谁开展调查、调查什么等问题进行说明。

调查程序包括制订方案、安排部署、信息采集、编写报告、建立档案、数据更新，对资源调查的全过程和持续更新进行说明。调查单位可以对此程序进行适当简化。

6．生态环境部门、企事业单位的调查重点

根据《中华人民共和国突发事件应对法》，地方人民政府在突发环境事件应急时可以征用单位和个人财产。因此，生态环境部门的调查范围分为四个层次。

第一是政府及生态环境等相关部门有没有自建的物资库及储存了哪些环境应急资源；第二是经常联系的企业尤其是大型企业有没有物资库及储存了哪些环境应急资源；第三是生产、供应环境应急资源的企业或产品、原料、辅料可以用作环境资源的企业相关信息；第四是环境应急支持单位和应急场所的有关信息。

企业则以“可以直接使用的”为调查重点。《调查指南》分别对生态环境部门、企事业单位的调查重点进行强调，并对具体内容进行说明。

三、调查方法

为做好突发环境事件应急救援工作，定期对物资装备进行检查和维护，及时更新有效期以外或状态不良的物资装备，保证应急救援物资装备在日常的完备有效。调查主要采用资料收集、现场勘查及走访法。

1．资料收集法

调查由环境应急资源调查负责人组织实施，通过搜集公司内部资料进行应急物资信息基础核查。

经有关管理人员提供的归档资料，环境应急资源调查负责人收集的资料包括厂区平面布置图、环评批复及验收文件、危险废物协议、应急监测协议、互救协议、应急演练及培训等电子版资料。

2．现场查勘及走访法

为核对收集应急物资资料真实性，环境应急资源调查负责人对企业各科室、办公室个人防护物资及公司消防设备和其他物资装备进行现场物资勘查，主要核查内容包括应急物资名称、数量、有效期、分布位置、完好性，整理并汇总资料，包括可以直接使用或可以协调使用的环境应急资源，并对环境应急资源的管理、维护、获得方式与保存时限等内容进行调查，对调查信息进行分析汇总。通过与总指挥核实，进一步确定公司的应急组织机构人员情况、应急疏散路线有效性。

企业重点应急资源参考名录见表5-3。

表5-3　企业重点应急资源参考名录

主要作业方式或资源功能	企业重点应急资源参考名录
污染源切断	沙包、沙袋，快速膨胀袋，溢漏围堤，下水道阻流袋，排水井保护垫，沟渠密封袋，充气式堵水气囊
污染物收集	收油机，潜水泵（包括防爆潜水泵），吸油毡、吸油棉，吸污卷、吸污袋，吨桶、油囊、储罐
应急通信和指挥	应急指挥及信息系统，应急指挥车、应急指挥船，对讲机、定位仪，海事卫星视频传输系统及单兵系统等
环境监测	采样设备，便携式监测设备，应急监测车（船），无人机（船）

第四节 环境应急预案编制

一、环境应急预案的定义

环境应急预案是指企业为了在应对各类事故、自然灾害时，采取紧急措施，避免或者最大限度减少污染物或者其他有毒有害物质进入厂界外大气、水体、土壤等环境介质，而预先制订的工作方案。

二、环境应急预案编制的重要性

环境应急预案编制是环境保护工作的重要组成部分，具有以下重要性：

保障环境安全：环境应急预案编制能够在突发事件发生时，迅速采取有效措施，减少对环境的影响，保障环境安全。

维护人民生命财产安全：环境应急预案编制能够针对可能发生的突发事件，采取合理的应对措施，有效维护人民生命财产安全。

降低社会经济损失：合理的环境应急预案能够降低突发事件对社会经济造成的损失。

1．编制目的

环境应急预案编制的主要目的是建立健全突发环境事件应急机制，提高政府或企业应对涉及公共危机的突发环境事件的能力，维护社会稳定，保障公众生命健康和财产安全，保护环境，促进社会全面、协调、可持续发展。《中华人民共和国环境保护法》第四十七条规定，企事业单位应当按照国家有关规定制定突发环境事件应急预案，报生态环境主管部门和有关部门备案。在发生或者可能发生突发环境事件时，企事业单位应当立即采取措施处理，及时通报可能受到危害的单位和居民，并向生态环境主管部门和有关部门报告。

环境保护部《突发环境事件应急管理办法》（2015 年 6 月 5 日实施）第六条规定，企事业单位应当按照相关法律法规和标准规范的要求，履行下列义务：

1）开展突发环境事件风险评估。

2）完善突发环境事件风险防控措施。

3）排查治理环境安全隐患。

4）制定突发环境事件应急预案并备案、演练。

5）加强环境应急能力保障建设。

6）发生或者可能发生突发环境事件时，企事业单位应当依法进行处理，并对所造成的损害承担责任。

2．哪些单位需要编制

根据环境保护部 2015 年 1 月 8 日印发的《企事业单位突发环境事件应急预案备案管理办法（试行）》（环发〔2015〕4 号）的第三条规定，环境保护主管部门对以下企业环境应急预案备案的指导和管理，适用本办法：

1）可能发生突发环境事件的污染物排放企业，包括污水、生活垃圾集中处理设施的运营企业；生产、储存、运输、使用危险化学品的企业。

2）产生、收集、贮存、运输、利用、处置危险废物的企业。

3）尾矿库企业，包括湿式堆存工业废渣库、电厂灰渣库企业。

4）其他应当纳入适用范围的企业。

5）核与辐射环境应急预案的备案不适用本办法。

6）省级环境保护主管部门可以根据实际情况，发布应当依法进行环境应急预案备案的企业名录。

3．谁来编制

《企事业单位突发环境事件应急预案备案管理办法（试行）》（环发〔2015〕4 号）第八条规定，企业是制定环境应急预案的责任主体，根据应对突发环境事件的需要，开展环境应急预案制定工作，对环境应急预案内容的真实性和可操作性负责。

企业可以自行编制环境应急预案，也可以委托相关专业技术服务机构编制环境应急预案。委托相关专业技术服务机构编制的，企业指定有关人员全程参与。

三、预案的编制程序

应急预案的编写一般包括准备阶段、风险评估、应急预案编写、评审备案、预案演练等。

1）准备阶段主要包括成立编制小组，明确编制组组长和成员组成、工作任务、编制计划和经费预算；制订编制方案，收集企业资料及资料审核，现场调研等基本情况。此部分内容需要了解风险单元及风险物质、生产工艺、安全管理情况、污染排放及处理情况、现有风险防控与应急措施等信息，填写环境风险信息调查表和应急资源调查表等信息。

2）根据收集到的资料和现场调研情况，编制风险评估内容，开展风险单元及风险物质识别、生产安全管理制度解析、分析与周边可能受影响的居民、单位、区域环境的关系、构建突发环境事件及其后果情景、风险防控与应急措施落实情况、环境管理制度、可能发生的环境事故及后果分析等内容，结合《企业突发环境事件风险分级方法》（HJ 941—2018）要求，进行涉水、涉气风险等级判定，同时需要分析可能发生的突发环境事件及影响程度。

3）应急预案编写包括综合应急预案、专项应急预案、现场应急预案。综合应急预案体现战略性，从企业层面总体阐述如何处理突发环境应急预案；专项应急预案体现战术性，可以针对废水、废气、危险废物等要素进行编制；现场应急预案体现操作性，主要针对危险性较高的装置、设备制定的应急处置措施。重点说明可能的突发环境事件情景下需要采取的处置措施、向可能受影响的居民和单位通报的内容与方式、向生态环境主管部门和有关部门报告的内容与方式，以及与政府预案的衔接方式，形成环境应急预案。编制过程中，应征求员工和可能受影响的居民和单位代表的意见。应急资源调查包括但不限于：调查企业第一时间可调用的环境应急队伍、装备、物资、场所等应急资源状况和可请求援助或协议援助的应急资源状况。

4）评审备案。应急预案系列文件编制完成之后，由专家、居民代表、相邻单位代表参加的会议评审或函审方式对预案进行评审，评审专家一般应包括环境应急预案涉及的相关政府管理部门人员、相关行业协会代表、具有相关领域经验的人员等，按专家意见修改完善报告，预案经企业管理者批准发布后上报生态环境主管部门备案。

5）预案演练。备案后企业须定期开展应急预案演练，如实评估预案演练状况，分析存在问题，及时落实整改。

四、预案编制的要点

突发环境事件组织指挥体系分国家、地方及现场指挥三层机构。①国家层面组织指挥机构：生态环境部负责特大突发环境事件应对的指导协调和环境应急的日常监督管理工作，根据现场需要还可设立国家环境应急指挥部，其总指挥一般由国务院领导担任。②地方层面组织指挥机构：县级以上地方人民政府负责本区域内的突发环境事件应对工作，跨行政区域的突发环境事件由各有关区域人民政府共同负责，或由共同的上一级地方人民政府负责。③现场指挥机构：突发环境事件应急处置现场应由责任政府成立现场指挥机构。

监测预警和信息报告包括监测和风险分析、预警、信息报告与通报三个方面。①监测和风险分析：各级生态环境部门要加强环境监测，并对风险信息加强收集、分析和研判；企事业单位和其他生产经营者应定期排查环境安全隐患，开展风险评估；②预警：预警分为四级，从高到低分别用蓝色、黄色、橙色、红色表示，预警信息发布后，当地政府应采取分析研判，防范处置，应急准备及舆论引导措施；③信息报告与通报：涉事企事业单位或其他生产经营者——当地生态环境主管部门（核实、认定）——上级生态环境主管部门及同级人民政府；信息报告通常应逐级上报，必要时可越级报告。

应急响应分响应分级、响应措施、国家层面应对工作、响应终止 4 个部分。①响应分级：严重程度从高到低，分为Ⅰ级、Ⅱ级、Ⅲ级、Ⅳ级。②响应措施：现场污染处置、转移安置人员、医学救援、应急监测、市场监管和调控、信息发布和舆论引导、维护社会稳定、国际通报和救助。③国家层面应对工作：初判发生重大以上突发环境事件或情况特殊时，生态环境部立即派工作组赴现场指导；当需要国务院协调处置时，成立国务院工作组；根据工作需要和国务院部署，成立国家环境应急指挥部。④响应终止：当排除事件发生条件、主要污染物质浓度已经降到标准规范规定值以内、基本消除突发环境事件有害影响后，由启动响应部门终止应急响应。

后期工作主要包括损害评估、事件调查、善后处置 3 个部分。①损害评估：应急响应终止后，要及时组织开展污染损害评估，并将结果向社会公布。②事件调查：通常由生态环境主管部门组织牵头，会同相关部门，共同开展事件调查工作。③善后处置：由政府组织制定补助、补偿、抚慰、抚恤、安置和环境恢复等善后标准及方案。

应急保障由队伍保障、物资与资金保障、通信、交通与运输保障、技术保障 4 个部分组成。①队伍保障：参与应急监测、应急处置、应急救援的队伍主要来自国家环境应急监测队伍、公安消防部队、大型国有骨干企业应急救援队伍及其他相关方面应急救援队伍等力量。②物资与资金保障：事件相关责任单位首先承担应急处置资金费用。③通信、交通与运输保障：地方各级人民政府及通信主管部门、交通运输部门、公安部门要参与保障。④技术保障：由环境应急指挥技术平台，实现信息综合集成以及分析处理并进行污染损害评估的智能化与数字化。

五、环境应急预案的备案

1. 相关概念

备案是指有关单位或者个人依法向主管机关报告事由存案，以备查考。环境应急预案的备案是指企事业单位按照有关要求编制完成突发环境事件应急预案后向当地生态环境主管部门报告并提交相关文本材料存档，以备企业突发环境事件时备查。

企业环境应急预案备案是不属于行政许可、行政确认的一种行政行为。对于企业而言，备案是为了规范编修、提高质量、履行法定义务。对于生态环境部门而言，备案是为了收集信息、存档备查、事后管理。

《企事业单位突发环境事件应急预案备案管理办法（试行）》（环发〔2015〕4 号）规定，企业至少每三年对环境应急预案进行一次回顾性评估。如果企业面临的环境风险、应急管理组织指挥体系与职责、环境应急措施、重要应急资源发生重大变化或实际应对和演练发现问题，以及其他需要修订的情况，要及时修订环境应急预案，修订程序参照制定程序进行。

企业环境应急预案备案实行属地管理、统一备案，备案受理部门为县级生态环境部门。建设单位也需要向建设项目所在地县级生态环境部门备案。如果建设项目试生产与正式生产情况基本无变化、环境应急预案无须修订、建设单位在试生产前提交的备案文件齐全，可以视为正式生产前已完成备案。跨县级以上行政区域企业的环境应急预案，可以分县域或者分管理单元编制环境应急预案，向沿线或者跨域涉及的县级生态环境部门备案。

2. 哪些企业需要备案

《企事业单位突发环境事件应急预案备案管理办法（试行）》（环发〔2015〕4 号）规定了三类企业要进行环境应急预案备案。一是可能发生突发环境事件的污染物排放企业。“可能发生突发环境事件”将产生噪声污染的单位、污染物产生量不大或者危害不大的单位排除，如餐馆等。由于污水、生活垃圾集中处理设施与一般的排放污染物企业有所区别，在《企事业单位突发环境事件应急预案备案管理办法（试行）》（环发〔2015〕4 号）中用“污水、生活垃圾集中处理设施的运营企业”予以强调。二是可能非正常排放大量有毒有害物质的企业。结合事件案例，强调了涉及危险化学品、危险废物、尾矿库三类易发、多发突发环境事件的企业。三是其他应当纳入适用范围的企业，这是兜底性条款，给予地方生态环境部门一定的自主权。为进一步明确适用范围，规定了“省级生态环境主管部门可以根据实际情况，发布应当依法进行环境应急预案备案的企业名录”。

3．环境应急预案备案需要提交哪些资料

突发环境事件应急预案备案表；环境应急预案及编制说明的纸质文件和电子文件，环境应急预案包括环境应急预案的签署发布文件、环境应急预案文本；编制说明包括：编制过程概述、重点内容说明、征求意见及采纳情况说明、评审情况说明；环境风险评估报告的纸质文件和电子文件；环境应急资源调查报告的纸质文件和电子文件；环境应急预案评审意见的纸质文件和电子文件。企业环境应急预案有重大修订的，应当在发布之日起 20 个工作日内向原受理部门变更备案。

4．突发环境事件应急预案备案流程

某地方突发环境事件应急预案备案流程见图 5-2。

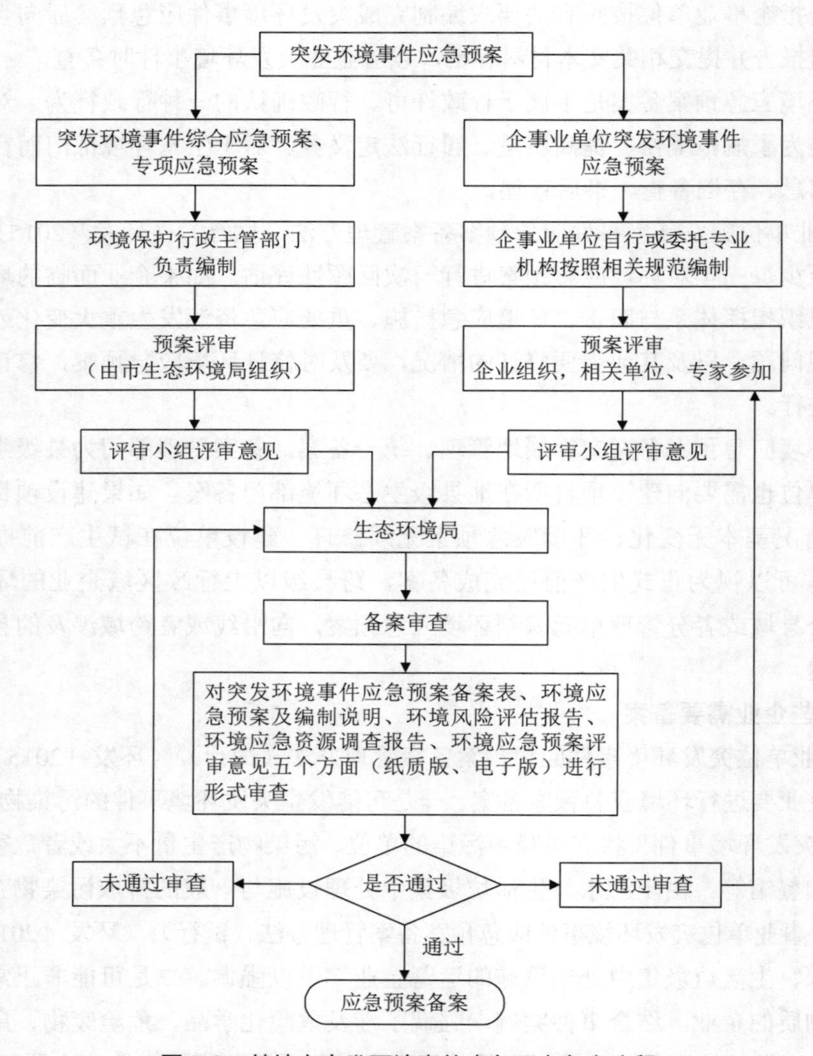

图 5-2 某地方突发环境事件应急预案备案流程

六、预案的管理

1．提升企业突发环境风险管理的理念，全员参与应急工作

为了促进做好突发环境应急管理工作，需提高企业管理人员环境风险管理意识。只有相关企业提高突发环境风险管理意识，充分认识到环境问题所带来的风险后，突发环境风险应急资金投入才可能落实到位，才能积极落实相关的突发环境风险宣传培训工作，对风险问题、节点排查才能全面进行。另外，提升突发环境风险管理人员意识后，企业才能重视这项实际工作，加强管理力度，积极促进应急预案编制工作。

企业环境应急工作需全员参与，企业各部门均应根据职责安排相应的应急预案。在编制应急预案时，要全员参与，科学性地划分应急预案编制的任务，做好应急预案编制工作的前期准备，根据参与人员的专业、技术能力以及部门职能，建立科学的应急小组。在应急小组中，明确各成员的任务与责任，确保在突发环境事件发生时，能够第一时间作出全员应急反应。

2．加强企业环境应急管理队伍建设

目前，多数中小企业无专门负责企业应急环境管理工作的专职人员，很多企业让安全管理员或者办公室人员兼职负责，个别企业还存在无固定人员负责的情况。环境应急管理具有一定的专业性与连续性，为做好该项工作，企业应固定相关人员负责突发环境应急管理工作。目前政府主管部门针对突发环境应急管理工作，推出相关的专业培训，便于固定的管理人员积累环境应急专业知识。企业若无专门负责岗位，甚至无专门负责人员，会导致应急预案无法发挥本身的价值，环境应急预案管理工作无专人落实。

3．企事业单位应定期开展培训与演练

确保环境应急预案在关键时刻能有效实施演练是检验环境应急预案是否有效的重要手段。环境应急预案编制后，预案中的应急指挥部成员及应急小组的负责人应集中学习培训，并视情况开展全员培训。应制订车间级、企业级的演练计划，保证企业级的演练每年至少开展一次。对关键生产工艺环节及应急岗位人员，其培训和演练的频次应该更多。定期开展演练，才能确保环境应急预案在事故发生后能够有效实施。

4．加强企业信息化应急管理体系建设

在一些大型企业尤其是化工企业等高风险环境风险源的环境应急过程中，企业预案应结合自身实际情况，综合考虑利用已有的集环境安全监控、预警为一体的监管手段，进一步开发应急管理平台，进而组成现代企业智能化、信息化的应急救援平台。通过应急救援平台保障效果，实现智能化、信息化应急救援体系。通过现代信息化的应急设备管理平台，快速有效地提升突发环境应急能力。

思考题

1．什么是环境隐患？隐患排查制度的主要内容有哪些？

2．企业在哪些情况下，应及时划定或重新划定本企业环境风险等级，编制或修订本企业的环境风险评估报告？

3. 企业按照哪五个步骤制定环境应急预案？

4. 环境应急预案的编制要点有哪些？

主要参考文献

陈斌华．突发环境事件应急预案管理如何管到位？[J]．环境经济，2023（4）：60-63.

大卫·亚历山大．如何编写应急预案[M]．王志强，蒋靖怡，李文君，等译．北京：气象出版社，2021.

国务院办公厅．国家突发环境事件应急预案[M]．北京：人民出版社，2015.

环境保护部办公厅．关于印发《企事业单位突发环境事件应急预案备案管理办法（试行）》的通知（环发〔2015〕4 号）[Z]．2015.

莫家乐．企业突发环境事件应急预案管理的问题与建议[J]．环境保护与循环经济，2023，43（1）：104-106.

企业突发环境事件风险分级方法（HJ 941—2018）[S]．2018.

王靓，牛思雅．环境风险与应急[M]．北京：中国石化出版社，2020.

危险化学品重大危险源辨识（GB 18218—2018）[S]．2018.

郑鹏．突发环境事件风险防范中常见问题的分析与探讨[J]．能源与环境，2023（2）：124-126.

第六章 环境安全管控技术

第一节　水生态环境安全管控技术

水生态环境安全是我国实现2035年“生态环境质量根本好转和生态文明建设”国家目标的重要保障，也是长江大保护、黄河流域生态保护、京津冀协同发展等国家战略的重大需求。我国不断统筹推进“五位一体”总体布局，将生态环境保护摆在了更加重要的战略位置；自2015年4月国务院发布实施《水污染防治行动计划》以来，以改善水环境质量为核心，出台配套政策措施，加快推进水污染治理，全国水生态环境明显改善，人民群众获得感显著增强。

当前，我国水生态环境形势依然严峻，水体富营养化、饮用水水源地污染、地下水与近海海域污染、新污染物、生态用水短缺等水生态环境问题未得到根本解决，水资源、水环境和水生态问题仍是区域高质量发展的最大短板，“三水共治”处于压力叠加、负重前行的关键期。

一、水生态环境安全管控的思路与原则

（一）总体思路

在“十四五”时期及中长期发展阶段，水质改善仍然是水生态环境保护的当务之急，要推进“三水统筹”，以流域水生态环境质量改善为核心，综合考虑水质改善、水生态保护和水环境风险防控，按照“节水优先、空间均衡、系统治理、两手发力”原则，坚持“山、水、林、田、湖、草、沙”是一个生命共同体的理念，统筹水资源利用、水生态保护和水环境治理，强化源头控制、综合施策，着力构建现代化的水生态环境治理体系，突出解决重点流域和区域问题，加强气候变化对水生态环境的影响研究，强化适应气候变化的能力，逐步推进“美丽中国”水生态环境保护目标的实现。

（二）战略目标

以习近平生态文明思想为指导，面向国家 2035 年生态环境根本好转、“美丽中国”基本实现的战略目标，构建水生态系统良性循环和水环境风险有效防控为重点的水生态安全体系，构建以水生态环境质量持续好转为核心的现代化水生态环境管理体系。面向 2035 年保障水生态环境安全，按照“协同治理、整体修复和系统保护”三步走战略，2025 年实现全国水环境质量总体改善，2035 年实现全国水生态功能基本恢复，2050 年实现全国水生态系统良性循环。

（三）基本原则

1．改善生态、优化经济

正确处理水生态环境安全保障与经济社会优化发展的关系，将单纯地解决水生态环境问题转为发展与水生态环境安全保障相协调，保护和修复水生态环境，发展循环经济和低碳技术，不断改善水环境质量和生态系统健康，推动经济社会发展与水生态环境安全协同发展。

2．空间管控、严守红线

从战略性、系统性角度出发，设定并严守流域水资源利用上限、水环境质量底线、水生态保护红线；立足区域差异性，提出有针对性、可操作性的差别化分类管控要求，指导和落实水生态环境安全保障方案；重视流域水生态环境污染的空间管控，开展综合管理与控制，统筹好流域上下游之间的协调关系。

3．水陆统筹、综合防治

从流域的整体性、系统性出发，重视水陆统筹、陆海统筹的流域水生态环境污染的预防、生态建设和系统管理，统筹流域水陆之间的协调关系，兼顾流域生态系统健康、环境功能保障和流域经济社会的可持续发展，采用技术、经济、行政、法律等综合手段进行流域全过程污染防治。

4．分区控制、分类指导

针对不同区域的水生态环境问题和污染特征，并结合区域经济发展和技术水平，提出科学、合理的水生态环境管理目标和任务，采用基于区域差异的分区控制策略。按照水生态环境污染和退化特征及其对经济社会的支撑功能，对水生态环境安全保障进行分类指导。

5．生态优先、风险控制

开展水生态环境的系统修复，将生态修复与污染治理相结合，改善水体生态系统的结构和功能；改善河流水质、水文条件，维持河流生态需水量；恢复水生生物群落，保护濒危、珍稀、特有生物物种。加强流域水生态风险防范，注重采用水生态风险管理与防范的方式来解决有毒有害污染物的环境管理问题。

二、水生态环境安全管控技术

1．科学评估我国湖泊氮磷营养物的时空差异，实施差异化营养物标准

尽快制定湖泊分区营养物基准标准，发布分区湖泊营养物基准技术文件和湖泊营养状态评价标准，并纳入生态环境标准的修订中。基于湖库营养状态评价标准，建立具有重要功能的湖泊流域氮磷总量控制制度；选择不同区域的典型湖泊开展流域氮磷容量总量控制试点，依据氮磷总量控制示范成果，分期逐步在全国实施重点湖泊流域氮磷总量控制。

制定太湖、巢湖、洱海等重点湖泊氮磷营养物分级标准，实施氮磷营养物分期控制计划。近年来，太湖、巢湖、洱海等重点湖泊蓝藻水华发生频率和面积居高不下，根源是湖体氮磷浓度远远高于营养物标准值，建议尽快制定太湖、巢湖等重点流域氮磷营养物分级标准，实施基于分级标准的氮磷分期控制计划，优先采用控磷为主、兼顾控氮的措施，明晰分期削减湖体磷浓度的具体目标，实现重点湖泊蓝藻水华的逐步控制。

定期开展湖泊生态安全评估，编制全国湖泊富营养化控制规划。建议定期组织开展湖泊生态安全评估，编制国家层面的湖泊富营养化控制规划，科学确定全国湖泊富营养化控制的分阶段目标，明确国家和地方在湖泊富营养化控制方面的责任和义务，对湖泊进行分区管理、分类控制、分期达标，为国家和地方科学进行湖泊富营养化控制提供指导。

2．科学评估我国水生态现状，深化推进水生态监测和评估

1）在保护目标方面，承接《水污染防治行动计划》的工作思路，建议制定“2035 年水生态安全保护规划”，参考具体的、可测量的、可实现的、相关的和定时的保护思路和目标，建立与之相适应的法律法规和标准规范制度体系，保障其实施。

2）在管理模式方面，建议由生态环境部门牵头加强顶层设计，打破条块分割的管理模式，结合“自下而上”的地方驱动和“自上而下”的政府主导方式，由各地方政府制订具体的推进实施与协调计划，在国家统一的水生态管理策略下，努力提升地方水生态保护的积极性和能动性。

3）在监测体系方面，坚持“一河一策”“一湖一策”的原则，着力以最简单的指标反映水生态的变化，建议生态环境、水利、自然资源、农业农村等管理部门联合开展研究，建立具有流域特色的监测评价指标和标准。加强新技术方法的适用性及标准化研究，如自动化、高通量的新方法，以应对当前生物评估多要素、流域大尺度的挑战。

4）在监测网络方面，建议由生态环境部门牵头，整合生态环境、水利、国土资源、农业农村等各级监测网络，秉承数据公开、共享，形成健全统一的标准规范体系，完善水生态环境监测质控体系，实现数据可比，全国“一盘棋”。

5）在公众参与方面，加强科普，加大宣传力度，多渠道推广和普及水生态安全理念和实践，让水生态安全深入人心。

3．污染控制由控源减排向全过程控制转变

我国水污染物排放量大且面广，超过环境容量和环境承载力，控源、减排、截污仍

然是水生态环境保护最基本的有效手段。要以“山、水、林、田、湖、草、沙生命共同体理念”为引领，统筹开展区域工业污染源、城镇生活源和农业面源水污染的综合控制和再生水循环利用，打造系统治理的最佳效果，形成生态文明建设的新型区域综合管控模式。突出流域特色，坚持问题导向与目标导向，加强源头控制和过程管理，全面控制污染物排放，系统削减水环境污染负荷，推进水体生态环境质量持续改善。

1）工业污染源。加强重点行业污染物全过程控制，深化水污染物排放总量削减工作。推进工业行业绿色发展，一是针对缺水地区、生态脆弱区等重点区域，选取煤化工等重污染行业，构建基于生命周期的废水绿色评价体系和标准，引导工业水污染治理向源头清洁生产减排、资源能源循环、提高水资源回用等全过程绿色可持续方向转变。二是针对重点行业高浓度、高盐度、高毒性、难降解的工业废水，推广应用去除效能高、经济性好的最佳实用处理技术和模式，实施差别化、精细化的精准治理。三是加强工业园区污染控制，以生产清洁化实现节水减排，加强工业园区非常规水源的深度处理与再生回用，采用多水源供水平衡调度技术，提高水资源的利用效率，推动园区升级转型。

2）城镇生活源。收集污水范围与提质增效双推进，综合整治与系统修复双落实。一是加快补齐污水管网设施短板，尽快实现污水管网全覆盖、全收集、全处理，因地制宜探索区域农村生活污水处理模式，实现资源化与达标排放相结合、分散处理与集中处理相结合。二是推动城市污水处理提质增效和污泥处理处置与资源化利用，进一步提高污水处理率和处理的深度，普及脱氮除磷深度处理。三是健全城市排水系统，加强溢流污水及初期雨水面源污染治理，通过“硬件—软件”组合提高“管网—泵站—调蓄池—污水厂”的匹配性，优化污水处理设施在雨季充分发挥最大能效。四是制定黑臭水体生态修复规范，开展城镇水体综合整治和修复，搭建海绵城市建设与黑臭水体整治监管平台，支撑城镇水环境综合整治管理决策。

3）农业面源。实施种养平衡、种养结合面源污染综合控制，削减水环境污染负荷，推进构建农业清洁小流域，助力乡村振兴战略实施。一是调整种植业结构布局与养殖业布局，落实种植业、养殖业减氮控磷、畜禽养殖废弃物资源循环利用与污染减排。二是加强农田氮磷控制，推行以合理施用化肥减少农田氮磷投入为核心、拦截农田径流排放为抓手、氮磷回用为途径、水质改善和生态修复为目标的“源头减量—输移阻断—养分回用—生态修复”的农田种植业面源污染治理体系。三是建立适宜于农村小型、分散生活污水生物生态处理、剩余污泥就近还田、氮磷经济型植物资源化利用、近自然污染净化型农业可持续发展的模式，实现尾水农业种植工程的园林化和景观化。四是控制思路从“单点防控”向“流域统筹”转变，构建“基于上游水源涵养、中游污染削控、入湖口减负修复”的水体功能恢复体系，建成农业清洁流域。五是建立县域农业农村面源污染防治长效机制，提升农业农村面源污染一体控制成效。

4．治理重点由城市为主向城市与农村并重转变

习近平总书记在《关于全面建成小康社会补短板问题》中提到，“从领域看，主要是

生态环境、公共服务、基础设施等方面短板明显”“农村环境脏乱差问题突出”，并在下一步重点任务和工作要求中明确提出，“要全面开展农村垃圾污水治理、‘厕所革命’、村容村貌提升等工作”。农业农村污染排放已成为生态环境质量持续改善的“瓶颈”，“十四五”及后期的治理重点，应加大对农村污染的控制。

1）加强农业农村环境保护基础设施建设。加强农业农村生态环境治理，就必须加速推进农村基础设施建设。一是加强乡镇污水处理设施建设和运营管理，特别是充分利用已研发的能克服农村生活污染分散、规模小等难题的治理技术成果，推动一体化的污水收集处理设施使用，逐步确保每个乡镇都建有污水处理厂，并稳定运行，提升污水收集处理效率和效果；二是加快农村规模集中区域的污水管网建设，提高污水收集率；三是结合“厕所革命”，加大农村厕所改善力度，统筹农村污水治理与资源化。

2）加强农业农村污染防治。农村环境污染涉及工业污染源、农业污染源和生活污染源等，应加强乡村工业企业、种植业、养殖业和农村生活污水的综合控制，着力构建以“生态、循环、综合、经济、实用”为原则的农业农村环境污染控制系统。一是加强农村水环境监测，包括水环境质量和各污染源监测，根据污染问题有针对性地实施监管；二是严格管控乡镇工业和生活污染源，加强小规模企业的底数摸排和环境治理，严防农村企业散乱污；三是加强农业面源治理，科学施肥，减少化肥用量和农田氮磷流失，控制径流损失，加强“排水口原位促沉—生态沟渠拦截—湿地塘净化”全过程生态拦截系统的建设；四是落实“种养结合、以地定畜”的要求，强化规模化畜禽养殖场粪污综合利用和污染治理，推广种养平衡、种养一体化等系统控制与治理模式；五是加强资源化利用，以实现流域种养废弃物污染控制、水体污染源削减和土壤提质协同共治为目标，充分开展资源就地利用，培育和壮大区域性种养废弃物资源化技术和产品。

3）加强农村饮用水安全保障。我国农村饮用水水源地管理基础薄弱、安全隐患较大，饮用水水源安全保障将逐步加强农村饮用水水源保护，应遵循保护优先、防治污染、保障水质安全的原则，强化饮用水水源地管理和保护，有效防范饮用水水源地风险，着力构建城乡一体化的饮水安全保障体系，确保城乡居民饮用水安全。一是进一步加强并稳固农村饮用水水源保护区的划定，逐步覆盖全部的城乡饮用水水源地，编制水源清单，根据保护区级别落实管理措施；二是逐步建设农村集中式饮用水水源地水质监控网络及预警系统，完善基层饮用水水源地安全监管，建立城乡一体化的饮用水安全监管平台；三是逐步建设完善集中式饮用水水源地备用水源、应急水源。

5. 构建基于大数据融合的饮用水安全保障智慧化监管平台，保障饮用水安全

全面加强湖库型水源源头、水处理、供给过程到水龙头的水质监控，协调水利、生态环境、卫生、住房和城乡建设等不同管理部门，构建基于大数据融合的“从源头到龙头”全过程水质实时一体化、智慧化监测、评估、预警、决策平台。同时，加强水华突发、极端气候事件下应急备用水源与管网建设，形成有效的水源地应急预案与应急演练制度，做到科学调度、稳定供水，提高饮用水安全应急保障能力。

第二节 大气环境安全管控技术

大气环境在整个地球生物圈中占有十分重要的地位，它是生物新陈代谢过程中所需氧气的最重要来源，是生物碳、氮等重要营养元素的重要来源之一，又是人类进行生产和生活活动的重要场所。进入21世纪以来，各类突发事件，如地区冲突、恐怖活动等问题的频繁出现，对大气环境安全构成了严重威胁，大气环境安全问题引起了世界各国的广泛关注。从全球范围来看，大气环境安全的形势不容乐观，已成为制约人类社会可持续发展的重要因素之一。

近几年，大气环境问题已被越来越多的人所关注，伴随着人们对大自然改造和开发利用能力的不断增强，温室效应、厄尔尼诺现象、臭氧空洞等名词也越来越多地出现在人们的生活中。

一、大气环境的主要安全问题

1. 气候变化

自19世纪英国第一次工业革命以来，二氧化碳气体的排放量逐年增大，从而致使大气中的温室气体浓度逐年上升，待超过大气的自净能力后，温室效应便出现。气象学家研究发现，自1961年至2007年，由于人类活动的影响，全球平均气温上升约为0.65℃，如此下去在未来的100年内全球地表平均温度预计将上升1.4～5.8℃，温室气体占大气平均比重将继续加大。全球气候异常主要表现在高温纪录异常、极端天气干旱、暴雨、低温、冰冻等，例如就我国而言，2006年8月16日，重庆观测到43℃气温打破百年来历史最高水平，2007—2008年百年不遇的特大暴雨，2008年年初南方大部分地区出现的罕见持续低温、雨雪和冰冻等极端天气。

气候的异常变化不仅严重妨碍了人们的正常生产生活，更是对人类生存发展的严峻威胁与挑战。

2. 臭氧层空洞

分布在距离地球表面25～50 km处，能够吸收太阳光波长306.3 nm以下的紫外线，从而起到保护地球上的人类和动植物免遭短波紫外线的伤害的一道保护屏障作用的气体层，我们称为臭氧层。随着人类活动的频繁，大量氯氟烃类化学物质的使用加剧了对臭氧层的破坏，造成了大气臭氧层厚度降低，甚至于在南极上空等处出现臭氧空洞的现象。据世界气象组织报告称，自20世纪70年代至今，全球臭氧总量呈现出逐渐降低的趋势，目前采取有效的控制措施，也需至少100年的时间才能恢复到1985年以前的水平。大气臭氧层的破坏，所造成的臭氧空洞等现象将导致强烈的紫外线直接照射到地面上，使地球上各种生物受到不同程度的伤害，从而威胁到地球生物的生存环境。

3. 酸雨污染

酸雨主要是由于空气中大量的二氧化硫、二氧化氮和氮氢化合物的浓度加大，在阴霾天气中雨水所吸收的上述气体后所形成的、具有一定腐蚀性的降水现象。近几年，随着工业废气和汽车尾气等的大量排放，其中包含导致酸雨出现的气体的比重逐年上升，致使一些地方酸雨问题频繁发生。酸雨的出现不仅对地面建筑物、动植物的生存造成伤害，还会对当地的环境造成污染，影响动植物的生存状态，因此，酸雨污染问题也被列为大气环境安全问题的主要表现之一，从而备受人们的关注。

二、大气环境安全问题的特点

1. 全球性

大气环境是一个开放性的、流动性、扩散性的物质，其活动性不受国界的限制，并且在全球化背景下，一国的环境安全问题既来源于本国的环境安全威胁，也来源于全球化进程中的污染转嫁、资源掠夺、生态难民跨国界迁徙、长程越界污染等环境安全威胁。

2. 区域性

大气环境安全问题的严重程度在不同的地域之间存在着差异性，其主要原因在于大气环境问题受所在地的工业分布、能源气体排放量、自然条件等多方面因素影响，因此大气环境安全问题在全球性的大背景下也会呈现出区域不同而导致的差异性特点。

3. 隐蔽性

只有当大气环境问题累积到一定量（这里所谓的一定量是指超出大气环境的自身承载力和自净能力）后才会有所显现，而在此之前大气环境安全问题则处于一种相对隐蔽的状态，可以形象地将其比作癌症等慢性病，其在经过一定的较长时间的发展后，当其存在度打破自身免疫系统后其各种症状才开始出现，才开始被人们发现，大气环境安全问题也是如此。

三、应对大气环境安全问题的策略方针

1. 国家主导性

将大气环境安全问题上升到国家发展层面上，强化国家的主导作用，使国家通过其强有力的政治保障，发挥解决环境问题的强大后盾力量。就一个国家的发展而言，大气环境问题不仅严重威胁人类的生存环境，也严重阻碍了国家的经济发展，因此国家也是大气环境问题的最大受害者之一。所以应将国家作为解决大气环境安全问题的主导者之一，通过将各项标准转化为国家法律或政策，强化国家监控，调整产业结构对温室气体等污染气体的排放量进行严格把控，从源头上降低其对大气环境的破坏性。此外，国家内部还可以架构起资源节约型、环境友好型社会，倡导全民参与，提高解决大气环境安全问题的全民性。

2. 国际协调、合作性

大气环境问题既是国家问题，也是世界问题，大气环境安全问题所具有的扩散性和多因性，注定其不能单单依靠某一个国家力量就可以解决，需要国际社会的共同努力，因此还需积极加强国际的合作和交流，通过区域合作或国际合作，将其上升到国家战略

合作的高度，确定区域的应对目标和发展计划，形成世界性的公约条例，在经济、文化、科技等各个方面共同协作，发展科学技术应对全球大气环境的变化，消除国家发展和环境保护的壁垒，达成解决大气环境安全问题的共识，形成全方位的架构体系，共同积极应对大气环境安全问题。

3．公众的参与和努力

公众参与是解决大气环境问题的重要途径。就公民个人而言，少开车、多步行或乘公共交通工具；尽量不买不用私家车，如要使用的话应妥为保养；汽车采用不含铅汽油，用省油的方法开车；使用清洁型燃料等，都可以减少废气排放、为维护大气环境安全贡献力量。因为现在就城市大气污染而言，绝大多数是由尾气排放造成的。

总之，大气环境安全是人类生存的必要条件，是经济可持续发展的基本要素，大气环境的破坏已经严重影响到人类的生存和社会的可持续发展，为了人类的共同发展，它的安全要靠全人类的共同呵护。

四、“十四五”时期确定的大气环境质量改善目标

1．“十四五”时期确定的大气环境质量改善目标

2021 年 11 月 2 日，中共中央、国务院印发《关于深入打好污染防治攻坚战的意见》（以下简称为《意见》）中，明确提出到 2025 年国内地级及以上城市的 $PM_{2.5}$ 浓度下降 10%，空气质量优良的天数占比达到 87.5%，重污染天气基本消除，这也是我国“十四五”期间政府部门确定的大气环境质量改善的明确工作目标。

根据我国生态环境部门发布的相关数据，我国“十三五”规划期间形成的大气环境约束性指标和污染防治攻坚战的阶段目标已经超额完成。“十三五”期间我国空气环境中的 $PM_{2.5}$ 未达标地级及以上城市浓度下降 23.1%，全国 337 个地级及以上城市的空气优良天数占比达到了 82%，且空气中的二氧化硫、氮氧化物的排放总量累计分别下降 22.5%、16.3%。

“十四五”作为我国社会主义现代化建设全新征程的第一个五年计划。在我国目前空气质量与美丽中国建设目标存在明显差距的背景下，《意见》中明确提出需要各地政府部门始终将减污降碳、协同增效作为主要的工作重心，在大气环境治理工作中，以 $PM_{2.5}$ 和臭氧协同控制作为主要工作内容，借助多种空气污染物的协同控制以及区域的联防控制解决我国大气环境中存在的臭氧污染、柴油货车污染问题，借此促进我国经济社会的绿色低碳转型和高质量发展。

2．“十四五”期间我国大气环境改善工作的核心

（1）维护人们身体健康

“十四五”期间，我国的大气环境治理工作是以环境质量改善作为核心，而对大气环境质量改善的评价核心则是以大气环境是否能够维护人们的身体健康和生态系统为主，对于人体的保护又是核心目标中最为重要的组成部分。根据世界卫生组织发布的相关报告数据，人们在长时间接触 $PM_{2.5}$ 的情况下，人体的呼吸和心血管系统将会受到明显的损

伤。根据对应的流行病学相关调查结果，$PM_{2.5}$在空气环境中的长期暴露和人体死亡率之间有着明显的相关性，故此在$PM_{2.5}$防治工作中，与长期暴露直接相关的年平均浓度是最为核心的控制和监测指标，故世界卫生组织始终将$PM_{2.5}$年均浓度 10 $\mu g/m^3$作为维护人体健康的空气质量标准，并且针对这一目标准则分别提出了三个过渡阶段的目标值。臭氧暴露给人体的健康带来的影响和 $PM_{2.5}$ 相比不存在明显的区别，根据相关调查研究的结果，人们的日死亡率和臭氧浓度存在的正相关关系相对较弱，但平均浓度准则值却并未提出明确要求，世界卫生组织始终将臭氧的日平均浓度规定为 100 $\mu g/m^3$，并为了逐渐实现这一目标，也提出了 160 $\mu g/m^3$的过渡阶段目标值。

（2）与世界卫生组织的标准对接

从当下我国生态环境部门制定的环境空气质量标准体系来看，国内的 $PM_{2.5}$ 年均浓度限值和世界卫生组织形成的过渡第一阶段目标基本对应，臭氧的日平均浓度限值同样和世界卫生组织提出的过渡阶段目标值保持一致。从我国经济社会发展的中长期规划来看，国内的大气质量治理工作需要保证国内绝大部分城市都完全满足我国制定的环境空气标准的具体要求，并且配合长时间的治理和改进，与世界卫生组织提出的最低的标准限制进行对接，以此有效维护人们身体健康。党中央明确提出到 2035 年美丽中国基本建成的要求。国家相关部门的预期数据显示，我国 2035 年的人均 GDP 将会达到 2.2 万美元，与发达国家 20 世纪 90 年代的初期人均水平基本保持一致。但在同时期发达国家主要城市的 $PM_{2.5}$ 年均浓度值基本处于 20～30 $\mu g/m^3$ 这一范围内，并且始终保持年平均 3.5%的速度下降。从我国提出的 2035 美丽中国战略来看，需要生态环境部门针对不同城市 $PM_{2.5}$ 浓度的所在范围分别设置对应的浓度下降速度目标，确保通过多年的努力，保障我国绝大部分城市在 2035 年的 $PM_{2.5}$ 年均浓度能够达到 35 $\mu g/m^3$ 标准。

3．“十四五”期间我国大气环境改善需要解决的问题

一是始终存在环境保护和经济增长之间的矛盾。自人类社会发展开始，尤其是进入工业时代之后，经济增长和环境保护之间的制约关系变得更加明显。任何国家想要持续提高经济规模，就必须强化对于资源的开发和投入，并将其运用到农业和工业发展中，但这些经济发展举措同样会对大气环境产生明显的影响，主要集中在工业和农业生产过程中产生的各种废气。在粗放型的技术体系和能源结构的影响下，大气环境治理工作的开展意味着经济发展速度会受到限制。在我国提出可持续发展理念之后，国内的一线城市基本能够保障经济发展和环境保护之间的协同，但对于我国部分资源发展型城市而言，资源的开采和利用是其经济发展的主要方式，始终面临着经济发展和生态环境保护之间的矛盾。

二是属地管理体制存在明显的缺陷。我国主要推行的环境属地管理始终是以行政区划作为基础进行管理单元的划分，环境管理责任将会逐渐分解到不同的行政区划单位中。虽然这种属地管理体制带有明显的可持续性以及可操作性，但也存在明显的缺陷，尤其是在大气环境治理的过程中表现得更加明显。空气作为经济社会发展过程中的公共物品，流动性特征是其最为明显的特征，引发大气环境的污染物也有流动性、多元性以及扩散性特征，属地管理工作体制的存在反而阻碍了大气环境治理工作的协调落实。

三是目标责任机制发展存在问题。从目前我国经济社会发展的状况来看，政府部门始终是将大气污染物总量控制作为大气环境治理工作的主要思路，各生态环境部门在工作实践中始终关注对于环境污染物总量的控制，对于污染物浓度的监测关注度不足，大气环境质量并未得到明显的改善。同时，在大气环境治理实践中，区际污染物的指标仍旧是以产值原则为基础进行分配。自“十三五”规划之后，虽然我国各级地方政府对于大气环境治理工作给予高度关注，并出台了相关的政策和文件，但在实践中存在着任务分配不合理等多种问题，同样会影响到国内大气环境质量的提升。

五、“十四五”期间我国大气环境治理的对策

1. 大气环境治理工作的理念创新

在“十四五”规划期间，我国大气环境治理工作要求政府部门始终遵循《意见》中提出的大气环境质量改善的目标，将大气环境污染治理和控制作为出发点，综合考虑国家形成的发展战略规划，创新经济与环境发展理念，始终坚持环境保护和经济发展共赢的理念，并将其作为大气环境治理工作的指导理念，提高大气环境治理工作的效果。各地方需要在经济发展中意识到大气环境治理工作能够有效达成生态环境保护和经济社会统一发展的目标，从某种程度上看，经济和大气环境治理之间并非绝对冲突的关系，大气环境管理工作的优化也可以帮助各地方政府在合理规划资源分配和使用计划的前提下，促进绿色经济的发展，通过各种现代化生产技术的引入，优化当地的大气环境。故此，地方政府需要组织生态环境部门以及相关人员认真学习“十四五”规划以及《意见》等政策文件中对于我国大气环境治理工作提出的目标要求，在深刻理解其中精神内涵的前提下，始终坚持经济社会和生态环境保护协同发展的理念。

2. 大气环境治理工作体系的改革

自“十三五”之后，我国有关大气环境治理工作的法律法规体系处于一种持续完善发展的状态，《中华人民共和国大气污染防治法》是目前我国大气环境治理工作和污染处罚的基础法律，我国 31 个省级行政区在遵循《中华人民共和国大气污染防治法》基础要求的前提下，综合各地的实际状况纷纷出台了地方环境保护和大气污染防治条例，行政以及司法的联动力度明显加强，可以在第一时间对各种大气环境污染犯罪进行惩治。总体来看，我国基本能够全方位划分不同部门的工作职责，大气环境治理取得明显的效果，但在大气环境管理工作中依旧倾向于使用短期的工作目标和各种行政管理手段，尤其是“十四五”期间，作为我国第二个百年奋斗目标实现过程中的第一个五年计划，大气环境治理工作并非集中在五年的时间内完成，而是集中在后续较长的发展时间内。

故此，我国大气环境治理工作也需要建立面向长期发展目标，为空气质量改善提供服务的管理体系，针对大气环境治理工作的目标、任务、管理手段等方面形成长远的预期目标，从而为相关工作的落实提供必要的条件支持。各级政府需要以城市空气达标管理和大气污染联防有效结合为基础，引入相应的法律和经济手段，建立中长期的大气环

境污染治理工作体系。

3．综合决策制度的建设应用

“十四五”期间，我国大气环境治理工作的优化和调整要求各地方政府持续完善综合决策制度，将大气环境融入各地的战略发展决策中，始终保证生态环境保护和经济社会发展有效结合，以我国推行的可持续发展理念为基础建立经济发展决策体系，避免“十四五”期间的社会经济活动对大气环境产生严重的污染和破坏。我国“十四五”规划已经明确提出需要持续推动生态文明建设，在解决环境问题的前提下，营造出经济社会发展所需的高质量生态环境。各级地方政府和社会组织需要在工作实践中落实绿色环保理念，严格遵守“十四五”规划的要求，对于区域内城市和乡镇工业布局进行科学的调整和优化，并逐渐调整以火电为主的能源结构，从多个层面对于大气污染问题进行预防和管控。地方政府需要以国家政府部门出台的相关文件作为出发点，对于不同的大气污染行为严格进行管控和处罚，并针对高污染染料使用的废物排放行为进行全面管理，配合市场激励性治理方式的使用，具体包括了排污费征收范围的调整、阶梯排污的差异比例调整等多个方面，借此推动工业企业的绿色低碳发展。

第三节　土壤生态环境安全管控技术

土壤是构成生态系统的基本环境要素，是人类赖以生存和发展的物质基础。与大气、水污染不同，土壤污染具有明显的隐蔽性、累积性、滞后性和不可逆转性等特点，不易被发现，且土壤污染治理周期较长、成本极高，极易引发社会关注并形成社会风险事件，如“常州毒地事件”“广钢新城毒地事件”等均属此类。因此，无论是土壤的环境治理，还是土壤环境污染引起的社会矛盾和风险防范，均需要社会的积极监督和参与，社会治理已经成为环境治理体系不可或缺的一部分。

一、面临的主要问题和挑战

1．土壤污染防治“技术壁垒”阻碍了社会参与

一方面，土壤污染具有累积性和潜伏性，早期难以发现。污染物在土壤中经过长期累积形成土壤污染，其后果往往要通过食物链放大效应后，由植物、动物或人体健康状况才能反映出来，从产生到发现危害需要的时间较长。并且，土壤污染隐蔽性较强，一般要通过专业监测才能获取污染的实际情况。除非是污染程度重或具有特异色味的污染物，否则很难被发现，这使群众举报土壤污染比较困难。

另一方面，土壤污染治理专业技术性强，增加了社会参与的难度。多数公众参与土壤修复决策有限，难以准确认知土壤修复的目标、技术与修复方案等。并且，由于对土壤环境问题认知有限，尚不能从风险角度来科学认识污染物的危害与控制手段。面对土壤污染或突发环境事件时，多数公众缺乏准确的判断和分析，易盲目“跟风”。

2．土壤环境社会治理缺乏配套细则规定

我国现有的土壤污染防治法律体系尚处于构建发展阶段，《中华人民共和国环境保护法》《中华人民共和国土壤污染防治法》等大多数明确规定了土壤环境信息公开、公众参与、公益诉讼等社会治理的内容，但多以原则性、指导性规定为主，缺乏可操作的细则规定。例如，现有法律法规对重点排污单位土壤环境信息公开的义务规定不足；规范或文件中对于土壤污染防治中公众何时参与、如何参与及参与渠道等缺乏程序性规定；也缺乏配套的细则规定，包括行政上的监督管理制度、土壤环境数据监测和信息公开制度、污染地块公众参与制度、土壤环境损害赔偿制度等。

3．社会公众可获取的土壤环境信息严重不足

我国土壤环境信息公开基础薄弱，公众获取的土壤环境信息极为有限。主要原因，一是政府本身掌握的土壤环境信息有限。地方陆续启动土壤环境基础信息数据库建设，仅个别省市如北京市，明确提及对外提供数据查询服务，已公开土壤环境信息也大多“宏观居多、微观过少”，短期内仍无法扭转土壤环境质量信息公开零散的状况，且缺乏相应的解读。二是部分涉土污染的企业社会责任意识不强，没有履行环境信息公开的义务，对与土壤污染相关的数据更是采取忽略或隐瞒的方式，甚至拒绝公开向土壤排放的污染物类型、排放量等信息。这些都不利于社会的监督和参与。

4．社会参与土壤环境治理的广度和深度不够

目前，国内社会参与土壤环境治理的广度和深度都有所欠缺，除与土壤环境信息公开不足直接相关外，还与社会机构本身的专业性、参与方式以及现有的社会参与制度有关。当前社会参与土壤污染防治领域的工作，主要集中于采用宣传教育和社会监督等方式，只有极少部分较为专业的社会组织能够采用政策倡导、环境公益诉讼、提供社会服务等方式深度参与到土壤环境治理当中。

例如，在土壤环境公益诉讼领域，土壤污染类环境公益诉讼的数量、质量及所激发的法治监督力量依然有限，与公益诉讼的机制不完善、诉讼资质要求高、社会组织专业能力不足、鉴定难、诉讼费用高昂、地方干扰等都有直接关系。又如，在土壤环境社会服务领域，在土壤污染修复方面，我国现阶段主要引入环保企业参与环境治理的投资建设和运营管理，以 PPP 模式激发社会资本参与，通过第三方治理的方式加强政府与企业、企业与企业之间的协作。社会力量在自身硬件能力、资金方面不具备优势，在土壤污染监测、治理方面无法与企业相抗衡，暂时未能在政府购买社会服务方面实现突破。

5．土壤环境治理政府社会互动有待加强

我国土壤污染防治工作仍以政府主导为主，各类社会主体参与和发挥的作用有限，政府与社会互动不足，主要表现为：一是土壤环境政策的解读与社会关切回应远远不够，政策误读、数据夸大等现象频现，严重削弱了政府环境部门公信力。二是缺乏社会风险交流机制，政府管理部门将工作重心置于环境监管，企业偏重技术理性，与社会公众风险沟通严重不足。公众既无法准确获知污染场地再开发的风险、修复策略等，也无法得到及时的信息反馈，经常引发由于公众不了解不认同而产生的社会风险。三是各级地方

政府对于公众的土壤环境关切和诉求缺乏深入的社会调查，处理环境纠纷方面，相关行政人员专业水平、环境法律意识等参差不齐，导致不能有效解决环境纠纷。

二、管控建议

1．制定完善土壤环境社会治理相关法律法规

一是与《中华人民共和国环境保护法》《中华人民共和国土壤污染防治法》充分衔接，进一步建立健全土壤专项法律法规，增加并细化环境信息公开和公众监督参与相关规定，提高可操作性。如在《污染场地土壤修复技术导则》中加入信息公开和公众监督参与的内容，或制定专门的《污染地块信息公开和公众参与技术指南》，明确公众参与的责任义务、范围、形式等，规范公众参与的具体程序。二是鼓励地方结合当地实际研究制定土壤污染防治公众参与的地方性指南或规范，促进社会监督参与和推动土壤环境治理。如涉及重金属污染治理的地区，可出台土壤重金属污染防治公众参与指导意见。

2．加大基础性土壤环境信息的公开

规范土壤环境信息公开的内容、方式及机制等，提高土壤环境信息发布的完整性、有效性。落实有毒有害物质监管制度，明确重点监管企业名单筛选的原则、量化标准，建立和发布土壤污染重点监管单位名录。加强对排污企业环境监管，严格落实污染物排放转移信息披露等，提高土壤环境信息披露的数量和质量。此外，长远来看，还应增强土壤环境信息服务，借助云平台、大数据分析技术手段，挖掘土壤环境监测或监管数据，增强信息的可读性、立体化，满足公众土壤环境信息需求。

3．调整和优化土壤污染治理社会参与机制

一是针对土壤污染治理过程，尽量做到社会公众全过程参与，即从污染场地调查、风险评估、修复目标确定、治理方案筛选及修复实施后评价阶段均应设立必要的公众参与制度，包括建立评议制度，投诉、举报等渠道，确保公众有序有效参与。针对采取风险管控的污染土地（如被限制种植类型的农用地、采取用途管制的城市污染地块），引入社会力量监督土地用途及使用行为，既可防止土地用途随意变更，也可降低污染迁移及发生二次污染的风险。二是开展必要的土壤污染防治公众参与试点。结合各地土壤污染治理与修复技术应用试点，选取试点地区和项目，开展公众参与试点，通过试点经验和效果总结，进一步规范化公众参与的方式方法，为推广实施土壤污染防治公众参与奠定基础。

4．规范和引导社会组织参与土壤污染治理

目前，国内能够参与和推动土壤污染防治工作的社会组织数量及质量都不是很乐观。建议通过政策引导、购买社会服务、组织培训等，指导和引导社会组织提高自身能力和专业性的同时，积极有序参与土壤污染防治工作，包括参与对土壤污染源、企业排污行为和污染地块的监督，以第三方的角色代表公众参与污染修复项目实施和验收等，不断扩大参与广度和深度，有效推动土壤环境治理工作。

5．建立土壤污染防治风险沟通交流机制

在土壤环境治理领域，创新政府社会合作共治的模式，重视环境社会交流互动。一是充分利用现代信息技术，建立政府与社会之间信息共享和意见表达平台，提高土壤环境政策解读力度及公众意见收集效率，减少政社之间信息不对称的问题。二是重视环境社会沟通。在土壤污染风险管控中，要通过对话沟通获取居民的理解和支持，防止社会矛盾和纠纷事件发生。在平时要增强土壤环境信息主动解读力度，结合土壤污染的特点，既要准确解释土壤污染调查数据和背景、土壤污染治理专业术语，也要适时发布土壤环境安全警示和资讯。

三、污染场地土壤环境治理原则与对策

1．污染场地土壤环境现状

（1）污染物种类复杂

污染物类型分为无机污染物、有机污染物、有机无机混合污染物等。污染物类型复杂，加大了污染治理的难度。这些污染物存在于土壤中，且会发生不同类型的反应，如发生物理反应、生物反应、化学反应。这些反应会加大污染物的复杂程度，极大地影响了土壤的质量及治理难度。从目前现状来看，我国主要采取污染场地风险管控及修复的手段，达到安全利用和治理的目的。

（2）农产品污染风险呈扩大化

土壤是不可替代的生产资料，人们通过在土壤中种植粮食作物，满足生存需求。然而，人们轻环境保护、重经济利益的心理，导致土壤污染面积不断扩大。为此，应及时采取风险管控或修复的措施，减少土地污染面积。

虽然我国采取对土壤场地的调查、风险评估、风险管控及风险修复等措施，但收效甚微。有的土地看似没有受到污染，实质上已经因工业发展建设而遭到污染。

（3）水源污染不断恶化

土壤污染既会影响土壤质量，又易造成地下水污染。土壤与地下水水源紧密联系，两者属于相辅相成、相互作用的关系。地下水水源处于土壤层之下，在土壤遭受污染后，污染物会逐渐渗透到地下水水源，导致地下水源发生污染。地表降水加速土壤污染物渗透、转移等。在土壤污染物的作用下，受污染的土壤通过降雨造成地表水污染，导致地表水中的微生物、动植物死亡。地下水资源背后是四通八达的水系，若不能有效控制土壤污染，会造成更为严重的水污染。

2．污染场地土壤环境的治理原则

（1）联合治理原则

污染场地土壤环境治理涉及方方面面，仅靠政府之力，难以实现最大化治理效果。为提升污染场地土壤环境治理水平，根据法律法规的要求，各主体应在土壤治理中扮演好自己的角色。普通群众、企业经营者等需要认识到污染场地土壤环境治理的必要性，积极投入到治理工作中。在治理污染场地土壤环境的过程中，各主体需要明确自身在治

理工作中的责任，主动开展工作，相互配合治理工作，顺利完成土壤污染场地调查、风险评估、风险管控修复等工作。

（2）因势利导原则

治理污染场地土壤环境时，在场调前期工作中应认真分析场地污染物的种类、污染物的量等。对可提取的污染物，采取合理的治理修复措施，提取土壤中的污染物，使污染物创造更多的价值，达到“一箭双雕”的目的。为此，有必要遵循因势利导原则，创新污染场地土壤环境治理策略。

3．污染场地土壤环境治理对策

（1）构建完善的修复标准体系

构建完善的土壤环境修复标准体系，有助于规范土壤环境修复工作，保证修复效果。提高修复标准体系构建水平，吸收与借鉴发达国家修复标准体系构建经验，完善和修订标准体系。不同国家的土壤环境污染严重程度、污染类型等存在差异，要立足本国实情，构建出适合我国的修复标准体系。从污染物场地调查、污染物监测、污染物风险评估、污染物场地风险管控、修复技术及修复评估等角度，研究场地污染治理标准体系构建要点。修订完善污染场地治理标准体系，确保标准体系的适用性。

（2）制定相关政策法规

发布污染场地土壤环境治理政策，建立健全相关法律法规，保障治理工作的顺利进行。为此，应做好以下 4 个方面的工作：①积极发布污染场地土壤环境治理政策，号召动员人们加入到土壤环境治理保护中；②建立健全相关法律法规，严格规范各主体行为；③制定完善的法律法规体系后，加大对法律法规的宣传力度，确保更多人了解法律法规，避免做出违反法律规定的行为；④严格执行法律法规。对于违法造成土壤污染的，严惩不贷。增强法律的威慑力，达到减少土壤污染违法行为的目的。

（3）加大对土壤修复技术的研究力度

土壤修复技术是一种直接、根本治理土壤环境的方式，对于提高土壤环境治理水平具有重要意义。我国在研究与应用土壤修复技术方面取得了一定的成果，但土壤修复技术不够先进，与发达国家还有一定的差距。为此，我国仍需加大对土壤修复技术的研究力度，科学指导后续土壤修复工作。土壤修复技术的研究要点包括以下 3 个方面：①引进先进的技术设备，深化土壤修复技术研究工作，提高技术研究水平；②与世界各国开展环境保护合作，加强土壤修复技术研究交流，获得研究新思路；③做好人力、物力、资金等的投入工作，全力支持土壤修复技术研究工作。

（4）构建污染场地土壤环境信息管理系统

污染场地土壤环境信息管理系统的构建包括以下 4 个环节。①了解污染现状，实地调查了解污染场地的历史利用现状、环境污染事故发生情况，通过场地污染监测，获得土壤污染的真实信息。②对土壤污染地块的信息进行分类。为提高信息分类整理水平，需引进信息技术，构建污染场地土壤环境信息管理系统。③利用大数据信息技术，随时了解土壤环境情况。④建立污染场地土壤环境的数据共享平台，确保相关主体及时清楚各地土壤环境状况，进而及时配合开展土壤修复工作。

（5）组建高素质的专业团队

污染场地土壤环境管理与修复工作需要专业人才支持，在缺乏专业人才支持的情况下，容易造成场地土壤污染的误判。提升场地土壤污染修复治理监测技术人员的技术水平，可以从以下 3 个方面入手。①加大人才培养力度。高校可以设置与污染场地土壤环境管理与修复工作相关的专业，优化推进教育教学活动，为社会输送优质人才。②做好培训教育工作。新入职的污染场地土壤环境管理与修复人员需接受岗前培训教育，了解岗位职责、任务及研究相关土壤污染监测方面相关的技术标准。提高他们的工作能力，确保他们适应岗位工作。③进行在职教育培训。定期组织污染场地土壤环境管理与修复相关的技术培训知识，开阔他们的视野，增强他们的职业素养。技术人员专业素养、教育能力等影响着污染场地土壤环境管理与修复的水平，有必要组建高素质的专业团队。

（6）明确污染场地土壤环境治理经济责任

污染场地土壤环境治理工作需要资金支持，为满足污染场地土壤环境治理资金需求，应明确污染场地土壤环境治理经济责任。了解土地使用主体，清楚使用土地者的信息资料，特别要清楚污染场地土壤环境的使用者及污染场地土壤环境的主体的信息资料。此外，明确污染场地土壤环境治理经济责任，即遵循“谁污染、谁治理”的原则。降低污染场地土壤环境治理经济成本，避免土壤污染问题的扩大化。

（7）开展典型污染场地土壤环境的管理修复工作

政府及科研机构是治理污染场地土壤环境的主体，需发挥自身在管理修复污染场地土壤环境中的作用。政府及科研机构需开展调查研究，清楚我国污染场地土壤环境发展情况，选出典型污染场地土壤治理区域，深入推进研究工作，构建完善的治理方案，确保环境管理与修复效果。国家需投入人力、物力、财力等，支持典型污染场地土壤环境管理修复工作，为政府及科研机构优化推进工作提供可靠的保障。若是政府及科研机构在典型污染场地土壤环境管理修复中取得经验成果，需及时广泛推广，有助其他区域开展工作。

第四节　危险废物环境安全风险管控技术

危险废物是指列入《国家危险废物名录》或根据国家规定的危险废物鉴别标准和鉴别方法认定的具有腐蚀性、毒性、易燃性、反应性和感染性等一种或一种以上危险特性，以及不排除具有以上危险特性的废弃物。危险废物以固态、半固态和液态形式存在，具有毒性、污染性和危险性，能够对环境和人类的健康造成不可逆的危害和长期深远的影响，危险废物污染防治正面临着前所未有的压力和挑战。

近年来，由危险废物管理或处置不当而引发的事故频繁发生，特别是 2019 年江苏响水硝化废料仓库自燃引起的燃爆事故，揭示了我国危险废物环境安全风险认识不足、风险防控技术欠缺等问题。危险废物属于固体废物，具有毒性、易燃性、反应性、感染性和腐蚀性 5 种危险特性。危险废物的鉴别可以参照最新版《国家危险废物名录》列出的46 种废物类别和 479 种废物代码，也可以根据国家规定的危险废物鉴别标准和鉴别方法来鉴别出具有危险特性的固体废物。危险废物产生量随着我国经济的快速发展、加工制造业的大幅扩张也越来越庞大。若不能对危险废物进行有效的管控和处置，则可能导致土壤、大气、水资源等生态环境受到污染、企业经济受损、人员伤亡等后果。

环境安全主要是指人类生存和发展不受破坏和威胁的生态环境安全。而危险废物环境安全的研究主要是针对突发性环境污染事故及安全事故。随着危险废物产量的逐年增加，为了保障环境不受到污染、维护公民的安全健康，研究出危险废物的有效管控体系迫在眉睫。

一、国内外危险废物环境安全监管现状

目前，各个国家将危险废物作为重点管理对象，国内外除了一直致力于寻求清洁生产方法、努力解决监管不当或因利用处置能力不足造成的环境污染问题，还通过制定相关法律、法规、政策等实现对危险废物的全过程管理。

1. 国外现状

20 世纪七八十年代，美国、日本等发达国家的危险废物产量和种类急剧增加，公众环保意识增强，开始制定严格的法律标准来管控企业危险废物的处置。1976 年，美国公布《资源保护和恢复法》，该法要求危险废物生命周期的任意阶段都保持记录，而之后公布的《综合性环境响应、赔偿和责任法》追究责任到污染泄漏场所的每个人，目前，EPA 有着民事和刑事相结合的严格处罚机制。德国更重视危险废物的立法管理，许可制度较为严格，且德国成立了定期征求产废单位意见的危险废物政府委员会，加强产废单位和处置单位之间的沟通，完善危险废物的管理。英国作为第一个工业化国家，危险废物管理体系最为健全，发布了《废物减量法》《废物处理标准》等相关法律。其管理理念是“避免、减量、再利用”，它鼓励企业自行回收或处置危险废物，利用高科技处理危险废物以减少对环境的污染，英国政府将政治法规和经济激励相结合，征收填埋税，使得危险废物的填埋量 20 年来下降了 70%。日本关于危险废物的法律较为完善，发布了《促进资源有效利用法》《固体废弃物处理法》等法律规范，对危险废物全生命周期的各个环节都制定了相应的标准，采用“事业者责任”的制度，并且日本致力于危险废物在处置技术上的研究，预防因处理不当而导致二次污染事故的发生。

2. 国内现状

我国现行的危险废物管理体系以《中华人民共和国宪法》《中华人民共和国环境保护法》为指领，以《中华人民共和国固体废物污染环境防治法》为主体，自 20 世纪 90 年代以来先后出台了《废弃危险化学品污染环境防治办法》《医疗废物管理条例》等百余项法律、法规、标准。在对危险废物环境安全的监管上，首先是要求产废单位必须依法取得排污许可证并向当地环境部门备案，对于违反国家规定对危险废物随意排放、倾倒、处置从而造成严重污染环境的行为，《中华人民共和国刑法》第三百三十八条将其定为污

染环境罪。

为了实现危险废物产生、收集、处置利用等全生命周期的监控和信息化可追溯，《中华人民共和国固体废物法》要求政府等监管部门建立专门的危险废物污染环境防治信息平台。

《危险废物贮存污染控制标准》对危险废物贮存容器和贮存场所的环境安全防护进行了规定，例如危险废物仓库要有防止液体泄漏收集装置；地面必须是耐腐蚀的硬化地面，且表面无裂隙，重点强调了防流散造成的环境污染。在《危险废物收集、贮存、运输技术规范》中规定了在危险废物的收集和转运过程中也应采取相应防爆、防火、防中毒、防感染的安全防护措施和防泄漏、防飞扬、防雨或其他防止污染环境的措施。

《危险废物管理办法》要求企业定期对危险废物处置设施的污染物排放进行环境监测。特别是填埋单位、焚烧单位还应依据国家和地方的相关规定，建立针对地下水和土壤的污染隐患排查治理制度。2021 年 9 月，在《"十四五"全国危险废物规范化环境管理评估工作方案》中指出，危险废物环境安全的规范化管理中，企业承担主体责任的同时政府和部门还有着监管责任。企业对于危险废物的环境安全具有直接责任，需要建立公司环境治理责任制、危险废物管理责任制；政府要推进企业环境安全风险分级管控与隐患排查治理的双重预防机制的建立。并且该方案还提供了危险废物规范化环境管理评估指标，为危险废物环境安全评价提供了指导。

二、危险废物环境安全风险评估技术

通过对国内外危险废物监管的研究现状分析发现，有关危险废物的横向分级标准的研究较少。美国针对危险特性和月产生量制定了分级管理标准，欧盟划分了危险废物危害性等级并结合危害程度进行分级管理，日本将危险废物分为一般废物与工业废物进行特别管理。这些分级方法，主要考虑危险废物的危害特性和产生量，但危险废物环境安全风险存在于其产生、贮存、利用、处置、去向等全生命周期的各个环节，所以实现危险废物分级分类管控的难点在于建立危险废物全生命周期的环境安全风险评估模型。

目前，国内外普遍的风险评估方法有风险矩阵法、作业条件危险性分析方法、"道化学指数法"等，针对危险废物环境安全风险评估技术还较少见，相关风险评估及分级方法主要体现在企业总体环境风险分级标准和安全风险分级标准中。如 2014 年环境保护部发布的《企业突发环境事件风险分级方法》基于风险矩阵法探索了环境安全风险评价的新方法（正如本书第五章第二节所述），该方法首先确定了 3 个一级评价指标，分别是环境风险控制水平（M）、风险物质数量与其临界量的比值（Q）以及环境风险敏感程度（E），利用这 3 个评价指标构成一个风险矩阵，划分企业的风险等级，分别为一般环境安全风险、较大环境安全风险和重大环境安全风险。江苏省出台的地方标准《化工企业安全风险分区分级规则》中，将区域风险划分为区域固有风险和区域控制风险，其中区域固有风险的评估就是根据区域内事故发生可能性和事故后果的严重度乘积来确定固有风险的等级，区域风险也是通过区域固有风险和区域控制风险构成的风险矩阵来计算表征。

湖北省关于风险分级管控探索出了基于“五高风险”的“5+1+n”风险管控指标体系，“5”指高风险设备设施、高风险工艺、高风险物品、高风险场所、高风险作业；“1”为单元高危风险管控指标；“n”为风险动态指标，包括高危风险监测监控特征指标、事故隐患动态指标（安全生产基础管理动态指标）、特殊时期指标、高危风险物联网指标、自然环境 5 个层面的指标分析动态指标。通过量化风险点固有风险、明确风险管控频率、结合现实风险动态修正指数，构建动态修正模型，确定风险分级标准，制定风险管控对策。此种方法为定性和定量相结合的评价方法，并且动态指标的加入，能够做到实时反映企业风险的动态变化情况，更准确地进行分级管控。

三、运用信息化手段推进危险废物环境安全风险管控

信息化技术已成为安全风险管控重要的手段。针对危险废物，目前主要是建立了相关监管平台。浙江省、湖北省等地已将危险废物物联网系统建设完成并投入使用，这是危险废物分级分类管理平台建设的基础。企业在管理平台上填写管理计划、申报登记、转移联单、处置利用情况等信息使信息传递更及时、业务处理更快、不仅解决了纸质联单填写繁琐、传递环节过多、转移环节监管不到位等问题，也为危险废物全生命周期的分级分类管控提供了可追溯的依据。另外，政府利用物联网可以更好地对企业进行全方位的监管。例如计算企业危险废物产生量、主要产品产量和原材料消耗量之间的数据关系，初步判断该企业产废数据是否存在虚报瞒报等情况。但孙燕等指出平台的数据利用还不够充分，建议分种类、行业、区域加大数据动态分析进行趋势预测，对提供管理决策有一定的帮助。还有研究表明，若将全球定位系统（Global Positioning System，GPS）、射频识别（Radio Frequency Identification，RFID）电子标签、视频监控、传感器技术等运用到环境安全风险管理中来，进行实时监测和风险评估，企业的风险管控等级也可以更精确地动态化调整，这些都为提供更精细化的管理水平起到进一步的作用。

四、危险废物处理技术

危险废物的处理处置方式主要包括综合利用、物理化学与生物处理、热处理、固化处理、填埋等。

1．危险废物综合利用技术

主要是针对危险废物的性质和组成进行有效组分的提取与利用，或相应产品的设计与生产，如催化剂活性组分的回收、有机溶剂的回收、建筑材料生产等。对含砷等剧毒元素的危险废物，以及危险废物焚烧过程中产生的含有大量二噁英、重金属等的飞灰，较难综合利用，须采用高温焚烧玻璃化、水泥固化等方式处理。

2．物理化学与生物处理技术

（1）物理处理

物理处理一般是对危险废物进行预处理，目的是减小危险废物体积，得到浓缩残渣。

主要涉及预选、分离和破碎等过程，采用的方法主要有电渗析、闪蒸、蒸馏、萃取、吸附、离心、电解、浮选、絮凝、沉淀和沉降、破碎及磨碎、反渗透、结晶、过滤等。

（2）化学处理

向危险废物中加入化学品，或通过施加光电等反应条件，将有害物质经过化学反应变成无害物质，或利于进行深度处理的物质，最大限度降低其危害性。反应类型主要包括氧化还原、水解、光分解、酸碱中和、复分解沉淀等。

（3）生物处理

利用生物或者微生物对危险废物中的有毒物质进行降解，达到排放标准后，直接向环境排放，可直接被水体和土壤无害吸收。处理原理包括好氧处理、兼性厌氧处理以及厌氧处理，常见的处理方法主要有活性污泥法、生物滤池、厌氧消化、氧化塘法和气化池法等。

3. 热处理

热处理是指通过高温氧化、分解破坏危险废物中的有毒有害物质，达到无害化、减容和综合利用的目的。热处理的主要方法有焚烧和热解处理。

（1）焚烧

焚烧是指危险废物中的有毒有害物质氧化燃烧并伴有高温热解的过程。通过焚烧可以使可燃性的危险废物分解、燃烧，达到减量、去毒、能量回收利用的目的。焚烧主要适用于有机成分多、热值高的危险废物，爆炸性废物须经预处理工艺后方可焚烧。对于有机性危险废物，焚烧法是最有效的处理技术。

（2）纯热解处理

纯热解处理是指在无氧的条件下，通过热化学转化使危险废物中有毒有害的有机物质实现热解转化生成炭、液体和气体的过程。热解方式主要有碳化热解、真空热解、快速热解、加氢热解等。热解过程不产生二噁英，而且可以固化重金属，能量利用率高。常规热解热源一般是蒸汽和电加热，近几年等离子体热解技术也逐渐发展成熟。

（3）固化

固化法是用凝结剂与危险废物进行混合、固化、封存，使得危险废物中所含的有毒有害组分封闭在固化体内不能浸出。危险废物固化常采用水泥、塑性材料、石灰、水玻璃、沥青等作为凝结剂，达到稳定化、无害化、减量化的目的。固化法能够显著降低物质的渗透性，固化物具有高应变能力，从而使危险废物毒性大幅降低甚至消除。

（4）填埋

危险废物的填埋是对无有效组分和能量回收利用，达到稳定化、无害化、减量化的危险废物，进行填埋处理。根据危险废物的危害特性，填埋场需选择复合、双层、多层等衬垫系统，将危险废物与环境隔离，衬里的渗透系数要低于一定值，对浸出液要建立收集和处理措施，同时还应考虑对产生的易燃、易爆或有毒气体的控制和处理。填埋法不受危险废物类别的限制，成本低、处理量大，是最终端的危险废物处理措施。

五、发展趋势

1）加快危险废物处理产业发展步伐，推进危险废物利用处置设施建设，加强对危险废物处理处置设施的管理和技术人员的培训，提升现有设施的管理水平、运行效率和实际处理能力。同时鼓励重点产废企业自建处置设施，释放危险废物处理市场的活力。

2）针对各地区危险废物的产生量与处理能力不均衡、不匹配的问题，应建立和完善重点区域重点行业危险废物管理数据库，为加强危险废物管理提供基础性支撑。在此基础上，打破地区间的壁垒和限制，加强区域间危险废物管理的协调联动，构建共享、共用、共管的跨区域危险废物管理大平台，充分发挥各地区危险废物治理企业处理能力。

3）鉴于国内的危险废物处置技术相对较落后，存在处理设施运行不稳、处理能力偏低以及二次污染等问题，今后应以综合利用、无害化处置为发展方向，紧跟产品的技术更新，扩充废物处置种类。

对于正在快速发展的电动汽车行业将产生的大量废电池，以及化工行业产生的高危险性的爆炸性废物、废催化剂等典型危险废物，应针对性地研发先进适用的危险废物综合利用与处置技术和装备，加快关键技术和装备的推广应用，实现危险废物的高值化回收利用与安全处置。

通过对危险废物研究现状进行梳理发现，我国危险废物产量大、种类多，虽然各环节的体系日渐成熟，但危险废物相关法律法规还不够完善，管理资源不平衡，危险废物的环境安全风险评价缺少分级标准。而上述的风险评估方法、分级标准和相关研究为建立针对危险废物的环境安全风险评估及分级模型提供了有益的参考。例如，可以借鉴“五高模型”中“5+1+n”的风险辨识思路，将 5 个固有风险指标归纳代表事故发生的后果的固有风险，1 个风险管控优化为事故发生的可能性的风险频率指标，结合 n 个动态指标建立危险废物的环境安全风险评估模型，而内因性指标中的“高风险物品”可以参照《企业突发环境安全事件指南》通过计算危险废物数量与临界量的比值来进行量化，“高风险场所”也可以参照该指南中受体环境敏感性进行等级划分，制定危险废物环境安全风险识别和评估的标准，建立完善的环境安全管控体系，并且加快危险废物分级分类管控平台的建设。利用物联网、大数据等现代化技术帮助监管部门建立一个能追溯、能定位、能预警、能决策的危险废物全过程智慧分级管理平台是未来的重要研究方向。

思考题

1. 水生态环境安全管控的要点有哪些？
2. 说明大气环境管控的必要性与重要性。
3. 思考土壤生态环境安全管控对我国的粮食安全的重要意义。
4. 危险废物的储存需要注意什么？
5. 简介常见的危险废物的安全处理与处置技术。

主要参考文献

陈昆柏，郭春霞．危险废物处理与处置[M]．郑州：河南科学技术出版社，2017.

樊涛．“十四五”期间大气环境治理的有效策略分析[J]．清洗世界，2023，39（7）：160-162.

胡素霞．大气环境管理重心转变分析[J]．中国资源综合利用，2021，39（8）：130-132.

霍守亮，张含笑，金小伟，等．我国水生态环境安全保障对策研究[J]．中国工程科学，2022，24（5）：1-7.

聂麦茜．土壤污染修复工程[M]．西安：西安交通大学出版社，2021.

钮琦璧．城市环境安全和防护[M]．上海：上海科学技术出版社，2017.

钱若晨，王先华，刘见，等．危险废物环境安全风险管控技术研究现状[J]．工业安全与环保，2022，48（10）：76-78.

时德禹．危险废物管理与处理处置问题探究[J]．资源节约与环保，2021（5）：70-71.

孙金龙．深入打好污染防治攻坚战　持续改善环境质量[J]．环境保护，2021，49（1）：8-10.

孙燕，吴晨波．运用信息化手段推进湖北省危险废物管理创新[J]．资源节约与环保，2021（4）：121-123.

王夏晖，刘瑞平，何军作，等．土壤污染防治规划技术方法与实践[M]．北京：中国环境出版集团，2022.

杨占红，孙启宏，王健．我国水生态环境保护思考与策略研究[J]．生态经济，2022，38（7）：198-204.